8단계
4학년 2학기 과정

하루10분수학(계산편)의 소개

스스로 알아서 하는 하루10분수학으로 공부에 자신감을 가지자!!!
스스로 공부 할 줄 아는 학생이 공부를 잘하게 됩니다.
책상에 앉으면 제일 처음 '하루10분수학'을 펴서 공부해 보세요.
기본적인 수학의 개념과 계산력 훈련은 집중력을 늘리게 되고
이 자신감으로 다른 학습도 하고 싶은 마음이 생길 것입니다.
매일매일 스스로 책상에 앉아서 연습하고 이어서 할 것을 계획하는 버릇이 생기면
비로소 자기주도학습이 몸에 배게 됩니다.

하루10분수학(계산편)의 활용

1. 아침 학교 가기 전 집에서 하루를 준비하세요.
2. 등교 후 1교시 수업 전 학교에서 풀고, 수업 준비를 완료하세요.
3. 하교 후 정한 시간에 책상에 앉고 제일 처음 이 교재를 학습하세요.

하루10분수학은 수학의 개념/원리 부분을 스스로 익혀
학교와 학원의 수업에서 이해가 빨리 되도록 돕고, 생각을 더 많이 할 수 있게 해 주는 교재입니다.
'1페이지 10분 100일 +8일 과정' 혹은 '5페이지 20일 속성과정'으로 이용하도록 구성되어 있습니다.
본문의 오랜지색과 검정색의 조화는 기분을 좋게하고, 집중력을 높이데 많은 도움이 됩니다.

HAPPY

꿈을 향한 나의 목표

화이팅!!

나는 (하)고 한

(이)가 될거예요!

공부의 목표

예체능의 목표

생활의 목표

건강의 목표

나의 목표를 꼼꼼히 세우고, 목표를 달성하기위해 노력해요^^

SMILE

목표를 향한 나의 실천계획

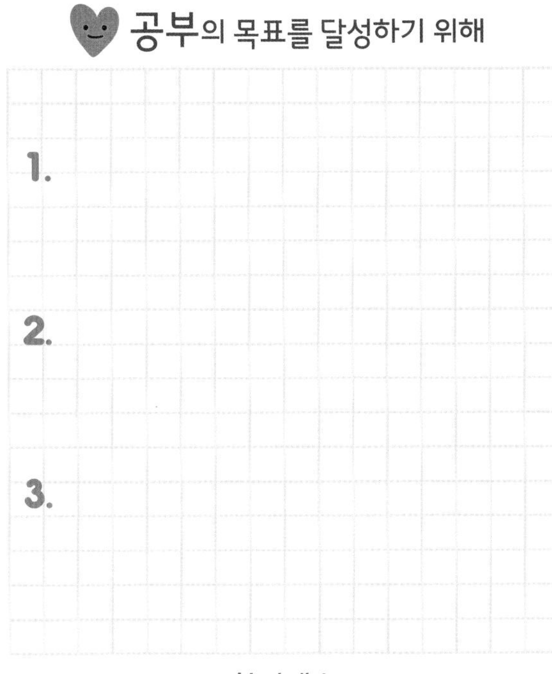

공부의 목표를 달성하기 위해

1.

2.

3.

할거예요.

예체능의 목표를 달성하기 위해

1.

2.

3.

할거예요.

생활의 목표를 달성하기 위해

1.

2.

3.

할거예요.

건강의 목표를 달성하기 위해

1.

2.

3.

할거예요.

나의 목표를 꼼꼼히 세우고, 목표를 달성하기위해 노력해요^^

HAPPY

꿈을 향한 나의 일정표

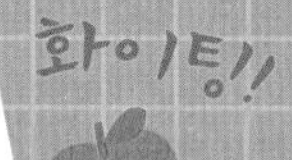

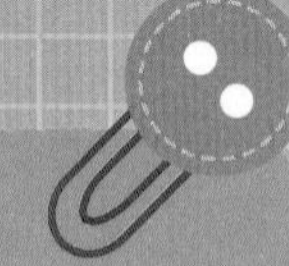

월

SUN	MON	TUE	WED	THU	FRI	SAT

메모 하세요!

월

SUN	MON	TUE	WED	THU	FRI	SAT

메모 하세요!

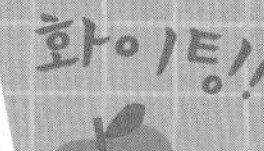

SMILE

꿈을 향한 나의 일정표

화이팅!!

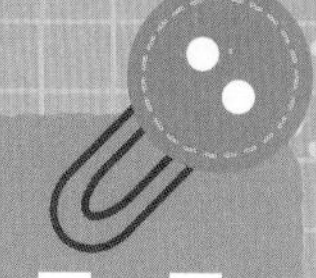

월

SUN	MON	TUE	WED	THU	FRI	SAT

메모 하세요!

월

SUN	MON	TUE	WED	THU	FRI	SAT

메모 하세요!

하루10분수학(계산편)의 차례

1일 10분 100일 / 1일 5회 20일 과정

※ 문제를 풀고난 후 틀린 점수를 적고 약한 부분을 확인하세요.

특별부록 : 총정리 문제 8회분 수록

하루10분수학(계산편)의 구성

1. 오늘 공부할 제목을 읽습니다.

2. 개념부분을 가능한 소리내어 읽으면서 이해합니다.

3. 개념부분을 참고하여 가능한 소리내어 문제를 풉니다. 시작하기전 시계로 시간을 잽니다.

4. 다 풀었으면, 걸린시간을 적습니다. 정확히 풀다보면 빨라져요!!! 시간은 참고만^^

5. 스스로 답을 맞히고, 점수를 써 넣습니다. 틀린 문제는 다시 풀어봅니다.

6. 모두 끝났으면, 이어서 공부나 연습할 것을 스스로 정하고 실천합니다.

1 수 3개의 계산 (2)

4+1−3 의 계산

사과 4개에서 사과 1개를 더하면 사과 5개가 되고, 5개에서 3개를 빼면 사과는 2개가 됩니다.
이 것을 식으로 4+1−3=2 이라고 씁니다.

4+1−3의 계산은 처음 두개 4+1을 먼저 계산하고, 그 값에 뒤에 있는 −3를 계산하면 됩니다.

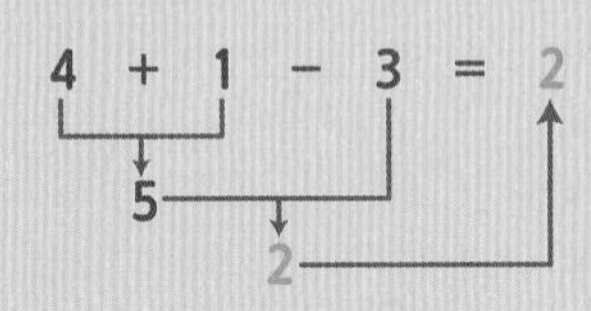

※ 여러 개의 식이 붙어 있으면, 처음부터 한개 한개 계산합니다.

위의 내용을 생각해서 아래의 □에 알맞은 수를 적으세요.

1 2 + 2 − 1 = □ (4, 3)	5 2 + 3 − 3 = □	9 5 + 2 − 6 = □
2 4 + 3 − 5 = □	6 5 + 2 − 4 = □	10 3 + 4 − 5 = □
3 5 + 4 − 2 = □	7 4 + 1 − 2 = □	11 1 + 6 − 3 = □
4 3 + 0 − 3 = □	8 8 + 1 − 0 = □	12 4 + 6 − 4 = □

이어서 나는 □ 을(를) 공부/연습할거야!! 05

tip 교재가 완전히 펴져서 사용하기 편합니다.

스스로 알아서 하는

하루 10분 수학

계산편

배울 내용

소수가 무엇인가요?

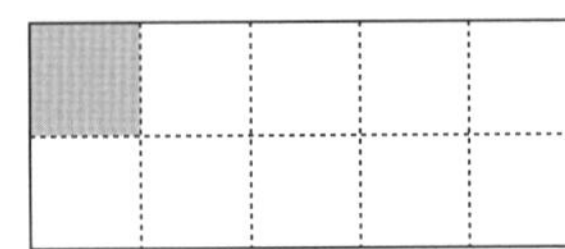

$\frac{1}{10} = 0.1$
십 분의 일 / 영 점 일

전체를 똑같이 10으로 나눈 것 중의 1을 분수로는 $\frac{1}{10}$(십 분의 일), 소수로는 0.1(영 점 일)이라 쓰고, 영점 일이라고 읽습니다.

$\frac{3}{10}$(십 분의 삼)을 0.3(영 점 삼)이라고 하고, 0.1(영 점 일)이 3개 있는 것입니다.

아래는 소수를 설명한 것입니다. 빈칸에 알맞은 수나 글을 적으세요. (다 적은 후 2번 더 읽어보세요.)

1 점을 사용하여 1 보다 작은 값을 표시하기 위해 ☐ 를 사용하고, 이 때 쓰이는 점을 **소수점**이라고 합니다.

2 $\frac{7}{10}$(십 분의 칠) 을 소수로 ☐ 이고, ☐ 이라 읽습니다.

3 0.5(영 점 오)는 0.1이 ☐ 개인 수이고,
1.5(일 점 오)는 0.1이 ☐ 개인 수입니다.
2.5(이 점 오)는 1 보다 ☐ 만큼 더 큰 수입니다.

4 0.1이 24개인 수는 ☐ 이고, **이점 사**라고 읽습니다.

5 10mm는 1cm입니다. 1mm는 0.1cm입니다.
30mm는 ☐ cm입니다. 3mm는 ☐ cm입니다.
3.8cm는 ☐ mm이고, ☐ 센티미터라고 읽습니다.

※ 0.1과 같이 점을 사용하여 1보다 작은 수를 표시하는 것을 소수라고 합니다.
이 때 쓰이는 점을 소수점이라고 합니다.

소리내 풀기

아래의 ☐에 적당한 수나 글을 적으세요.

6

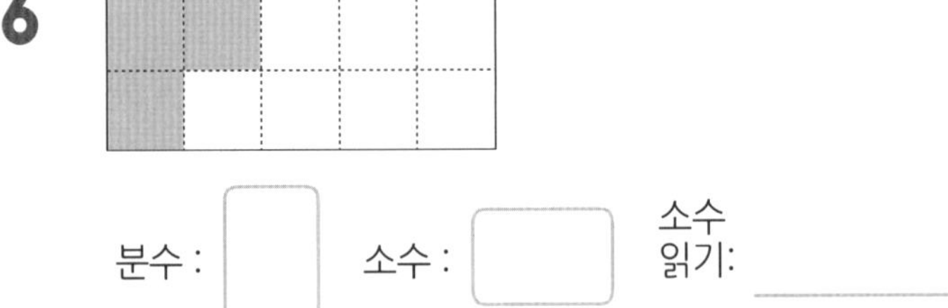

분수 : ☐ 소수 : ☐ 소수 읽기: ______

7 $\frac{9}{10} = 0.$☐

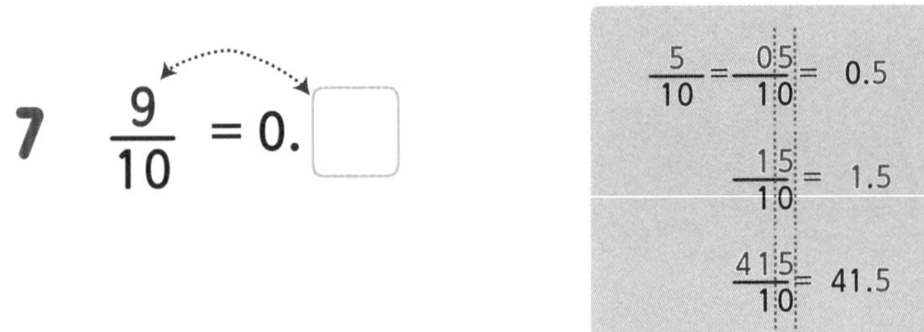

8 0.2cm = ☐ mm

※ 1 cm = 10mm
0.1cm = 1mm

9 7.6cm = ☐ mm = ☐ cm ☐ mm

10 8cm 3mm = ☐ mm = ☐ cm

02 소수 두 자리 수

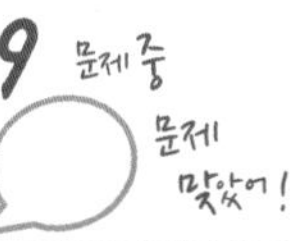

0.01 (영점 영일) 알아보기

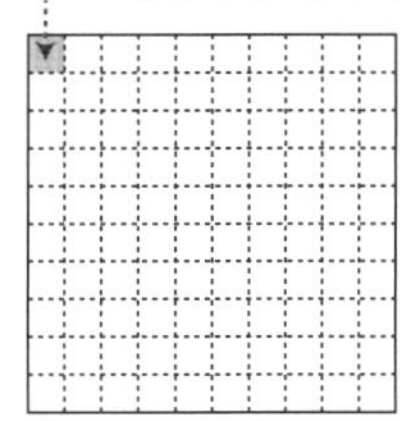

전체를 똑같이 100으로 나눈 것 중 1을 분수로는 $\frac{1}{100}$(백분의 일), 소수로는 0.01(영점영일)이라 쓰고, 영점 영일이라고 읽습니다.

$$\frac{1}{100} = 0.01$$

백분의 일 　 영점영일

$\frac{3}{100}$을 0.03이라고 하고, 0.01이 3개 있는 것입니다.

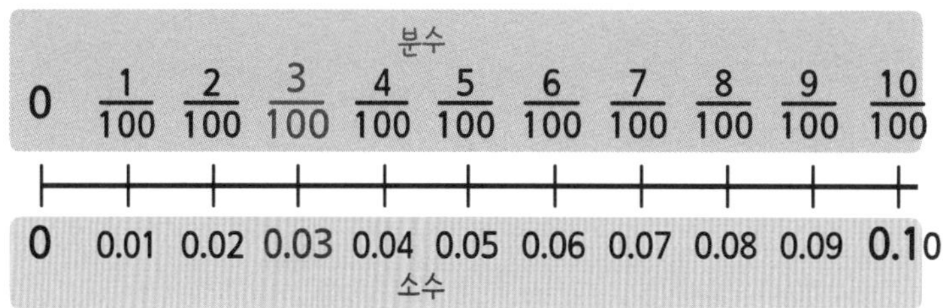

아래는 소수를 설명한 것입니다. 빈칸에 알맞은 수나 글을 적으세요. (다 적은 후 2번 더 읽어보세요.)

1 소수 **6.29**를 읽을 때는 **육점 이구**라 읽고,

소수 **16.29**를 읽을 때는 **십육점 이구**라 읽고,

소수 **316.29**를 읽을 때는 [　　　] 라 읽습니다.

※ 소수점 밑의 수는 그냥 숫자만 읽습니다.

2 **6.29**에서 **6**은 일의 자리 숫자이고 **6**을 나타냅니다.

→ **2**는 소수 첫째 자리 숫자이고 [　　] 를 나타내고,

→ **9**는 소수 둘째 자리 숫자이고 **0.09**를 나타냅니다.

3 자연수 **6**은 소수 **6.0**과 같은 수 이고, **6.0**은 [　　] 이라 읽습니다. **4.2**는 **4.20**과 [　　] 입니다.

같은 수 / 다른 수

4 **6.29**는 **6**과 **0.2**와 **0.09**의 합과 같습니다.

5.18은 [　] 와 [　] 과 [　] 의 합과 같습니다.

8.07은 [　] 과 [　] 의 합과 같습니다.

아래의 [　]에 알맞은 수나 글을 적으세요.

5

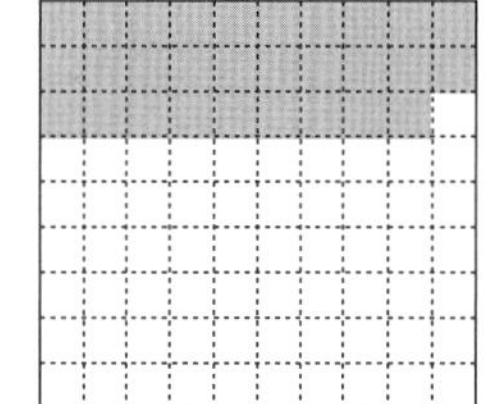

분수 : [　]

소수 : [　]

6 **0.01**이 **28**개인 수는 [　] 이고, [　] 이라 읽습니다. 분수로는 [　] 입니다.

7 $\frac{9}{100} = 0.0$[　]

8 $\frac{23}{100} = 0.$[　][　]

$\frac{5}{100} = \frac{0.05}{1.00} = 0.05$

$\frac{15}{100} = \frac{0.15}{1.00} = 0.15$

$\frac{415}{100} = 4.15$

$\frac{2415}{100} = 24.15$

9 $\frac{567}{100} =$ [　　]

03 소수 세 자리 수

월 일
분 초

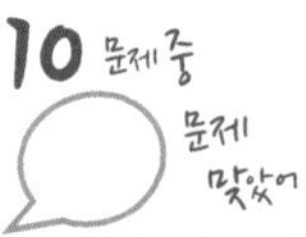

0.001 (영점 영영일) 알아보기

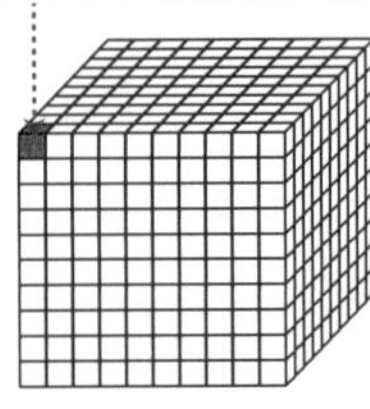

전체를 똑같이 1000으로 나눈 것 중 1을 분수로는 $\frac{1}{1000}$(천분의 일), 소수로는 0.001(영점영영일)이라 쓰고, 영점 영영일이라고 읽습니다.

$$\frac{1}{1000} = 0.001$$
천분의 일 = 영점영영일

$\frac{4}{1000}$(천분의 사)를 0.004(영점영영사)라고 하고, 0.001이 4개 있는 것입니다.

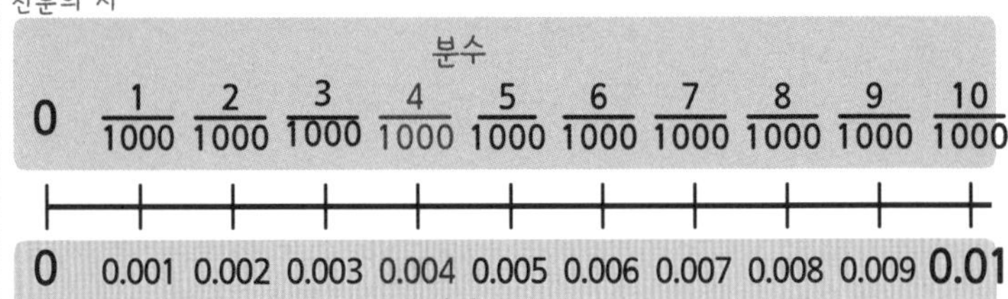

아래는 소수를 설명한 것입니다. 빈칸에 알맞은 수나 글을 적으세요. (다 적은 후 2번 더 읽어보세요.)

1 소수 6.294를 읽을 때는 육점 이구사라 읽고,

소수 16.294를 읽을 때는 [ ] 라 읽고,

소수 316.294를 읽을 때는 [ ] 라 읽습니다.

※ 소수점 밑의 수는 그냥 숫자만 읽습니다.

2 6.294에서 6은 일의 자리 숫자이고 6을 나타냅니다.

2는 소수 첫째 자리 숫자이고 [ ] 를 나타내고,

9는 소수 둘째 자리 숫자이고 0.09를 나타냅니다.

4는 소수 세째 자리 숫자이고 0.004를 나타냅니다.

3 6.07은 6.070과 같은 수 이고,

6.070은 [ ] 라 읽습니다.

4 6.291은 6 과 0.2 와 0.09 와 0.001 의 합과 같습니다.

5.187은 [ ] 와 [ ] 과 [ ] 과 [ ] 의 합과 같습니다.

아래의 [ ] 에 알맞은 수나 글을 적으세요.

5 전체를 1000개로 나눈 것 중 134개인 수는

0.001이 134개인 수를 나타내고,

분수로는 [ ] 라 쓰고, 소수로는 [ ] 라 합니다.

6 0.001이 579개인 수는 [ ] 이고,

[ ] 라 읽습니다. 분수로는 [ ] 입니다.

$$\frac{5}{1000} = \frac{0.005}{1.000} = 0.005$$
$$\frac{15}{1000} = \frac{0.015}{1.000} = 0.015$$
$$\frac{415}{1000} = \frac{0.415}{1.000} = 0.415$$
$$\frac{2.415}{1.000} = 2.415$$

7 $\frac{9}{1000} = 0.00$ [ ]

8 $\frac{23}{1000} =$ [ ]

9 $\frac{567}{1000} =$ [ ]

10 $\frac{1079}{1000} =$ [ ]

 이어서 나는 [ ] 을(를) 공부/연습할거야!!

04 소수점의 자리

0.001을 10배한 수 (10배 큰 수)

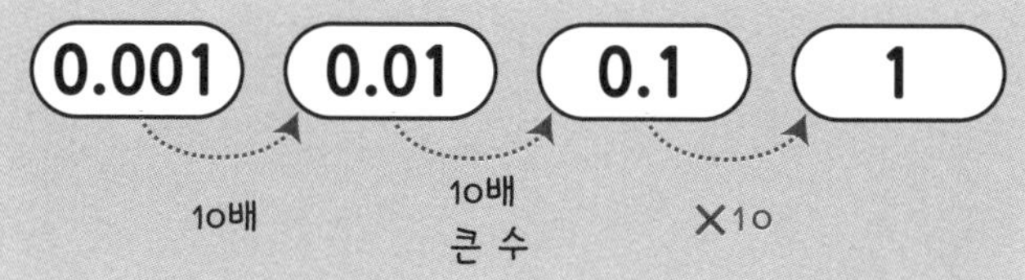

어떤 소수에서 10배하면 소수점이 뒤로 1칸 이동합니다.

1을 $\frac{1}{10}$배한 수 (10배 작은 수)

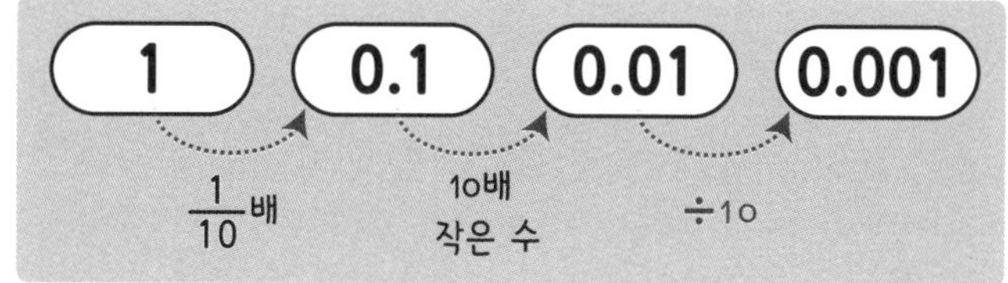

어떤 소수에서 $\frac{1}{10}$배하면 소수점이 앞으로 1칸 이동합니다.

아래의 □에 들어갈 알맞은 수를 적으세요.

1

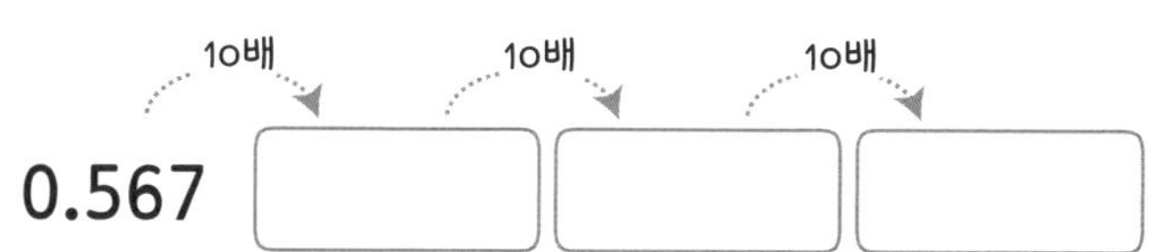

2

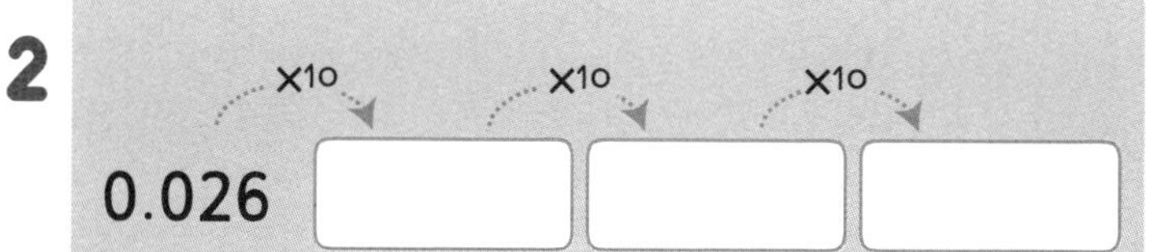

3

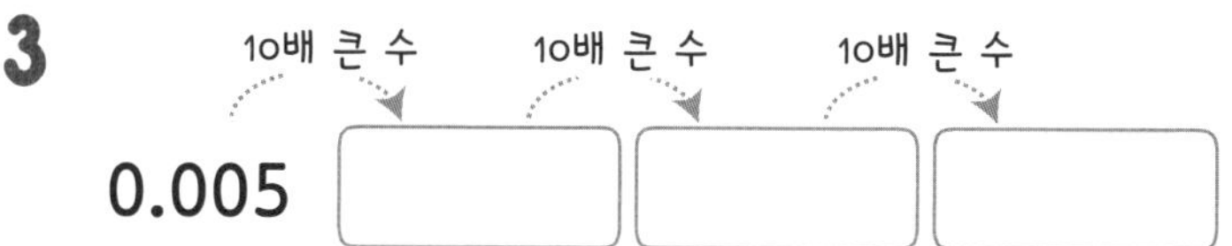

4

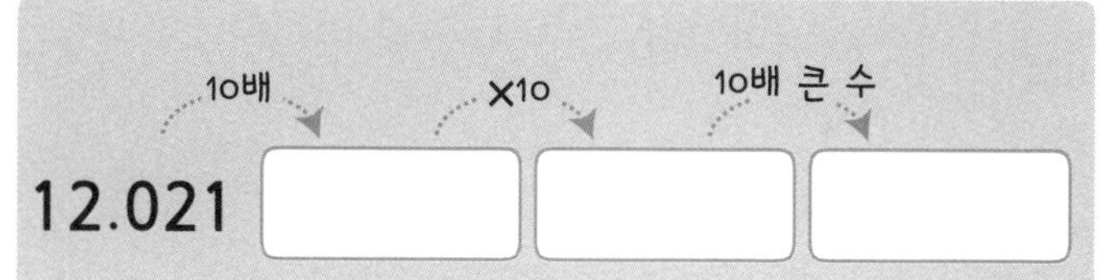

5

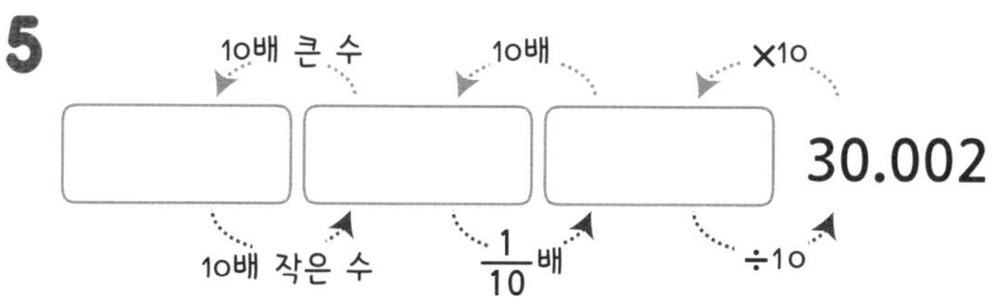

6

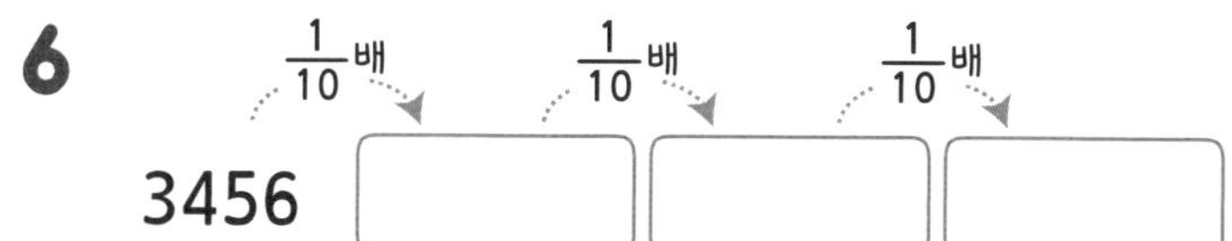

7

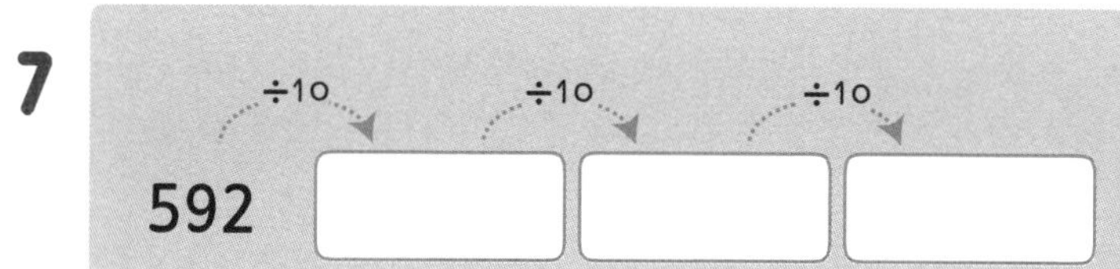

8

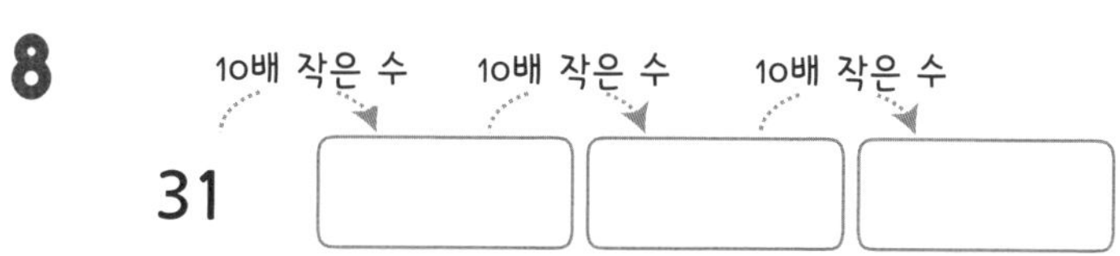

9

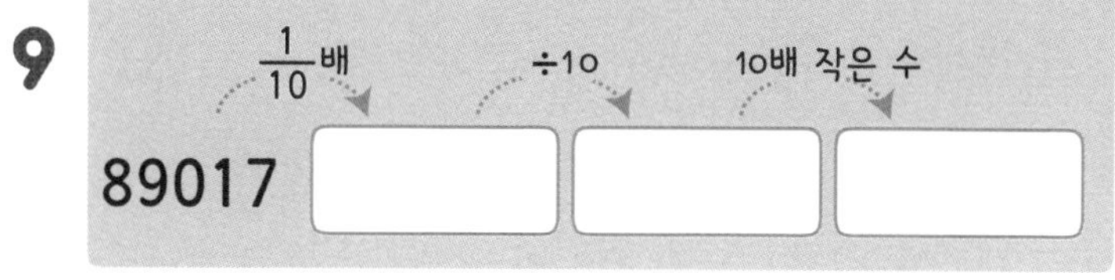

10

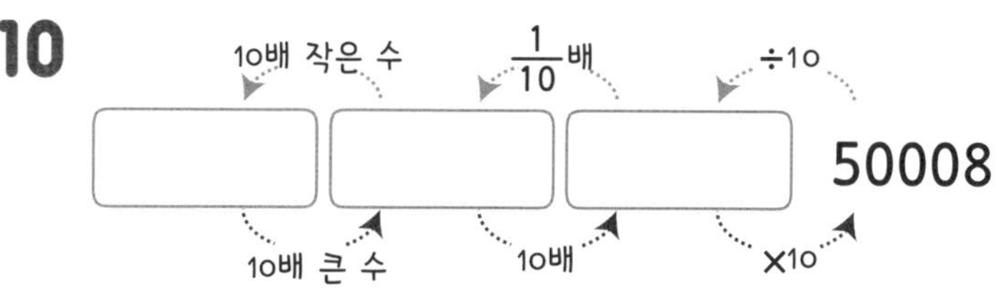

05 소수 (연습)

아래는 소수에 대한 내용입니다. ☐에 알맞은 수를 적으세요.

1 아래의 내용을 소수로 나타내 보세요.

1을 똑같이 10으로 나눈 것의 1개 = ☐

1을 똑같이 100으로 나눈 것의 1개 = ☐

1을 똑같이 1000으로 나눈 것의 1개 = ☐

2 아래는 소수 첫째자리의 소수입니다. 물음에 답하세요.

0.1이 5개인 소수 = ☐

0.1이 30개인 소수 = ☐

0.1이 105개인 소수 = ☐

3 아래는 소수 둘째자리의 소수입니다. 물음에 답하세요.

0.01이 5개인 소수 = ☐

0.01이 30개인 소수 = ☐

0.01이 105개인 소수 = ☐

0.01이 3200개인 소수 = ☐

4 아래는 소수 둘째자리의 소수입니다. 물음에 답하세요.

0.001이 5개인 소수 = ☐

0.001이 30개인 소수 = ☐

0.001이 105개인 소수 = ☐

0.001이 3200개인 소수 = ☐

5 소수점의 성질을 이용하여, 알맞은 수를 적으세요.

① 0.5 → (10배) ☐ → ($\frac{1}{10}$배) ☐ → (10배 큰수) ☐

② 0.56 → ($\frac{1}{10}$배) ☐ → (10배) ☐ → (10배 작은수) ☐

③ 0.567 → (10배) ☐ → (10배) ☐ → ($\frac{1}{10}$배) ☐

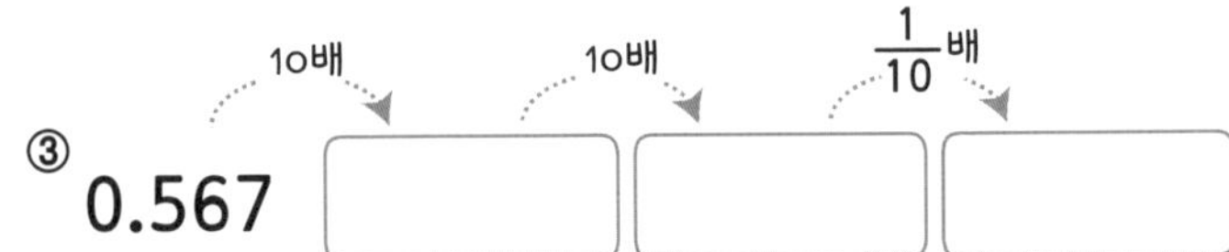

④ 6.506 → (10배) ☐ → ($\frac{1}{10}$배) ☐ → ($\frac{1}{10}$배) ☐

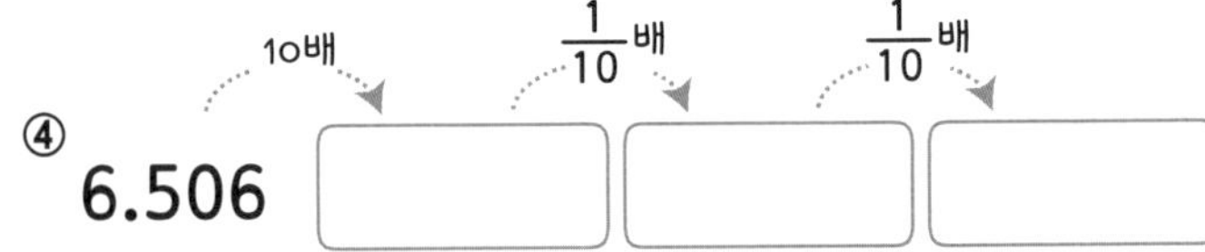

6 = 의 양 옆이 같은 수가 되도록 알맞은 수를 적으세요.

① 4.5 = 4 + ☐

② 0.15 = 0.1 + ☐

③ 0.256 = 0.2 + ☐ + 0.006

④ 2.125 = 2 + ☐ + 0.02 + ☐

⑤ 4.005 = 4 + ☐

확인 (틀린 문제의 수를 적고, 약한 부분을 보충하세요.)

회차	틀린문제수
01 회	문제
02 회	문제
03 회	문제
04 회	문제
05 회	문제

생각해보기

앞에서 배운 5회차 내용이 모두 이해 되었나요?

1. 모두 이해되고 자신있다. → 다음 회로 넘어 갑니다.

2. 2~3문제 틀릴 수는 있겠지만 거의 이해한다.
→ 개념부분을 한번 더 읽고 다음 회로 넘어 갑니다.

3. 잘 모르는 것 같다.
→ 개념부분과 틀린문제를 한번 더 보고 다음 회로 넘어 갑니다.

틀린 문제가 있었다면 왜 틀렸을거라고 생각합니까?

1. 개념 설명이 어려워서 잘 모르겠다. 2. 다 아는데 실수한 것 같다.

3. 빨리 끝내고 싶어서 집중할 수가 없다. 4. 하기 싫어서....

오답노트 (앞에서 틀린 문제나 기억하고 싶은 문제를 적습니다.)

회 번	
문제	풀이

회 번	
문제	풀이

회 번	
문제	풀이

회 번	
문제	풀이

회 번	
문제	풀이

06 소수의 크기 (1)

월 일 / 분 초

10 문제 중 문제 맞았어!

0.2보다 0.3이 더 큽니다.

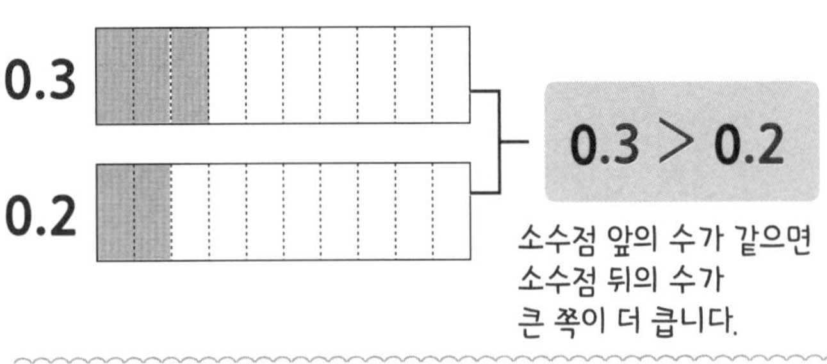

$0.3 > 0.2$

소수점 앞의 수가 같으면 소수점 뒤의 수가 큰 쪽이 더 큽니다.

0.3보다 1.1이 더 큽니다.

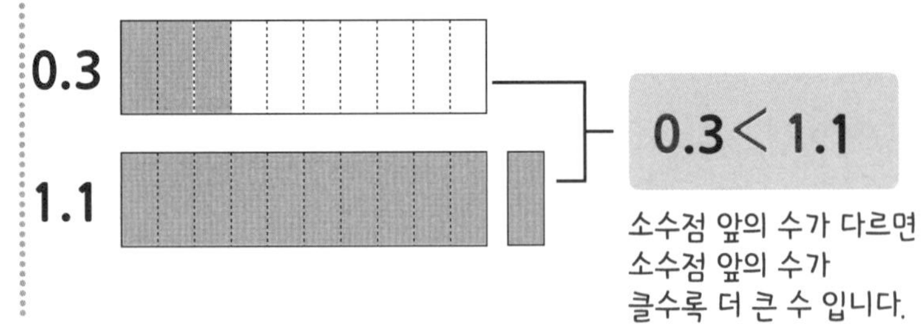

$0.3 < 1.1$

소수점 앞의 수가 다르면 소수점 앞의 수가 클수록 더 큰 수 입니다.

◯ 안에 >,=,<를 알맞게 표시하세요.

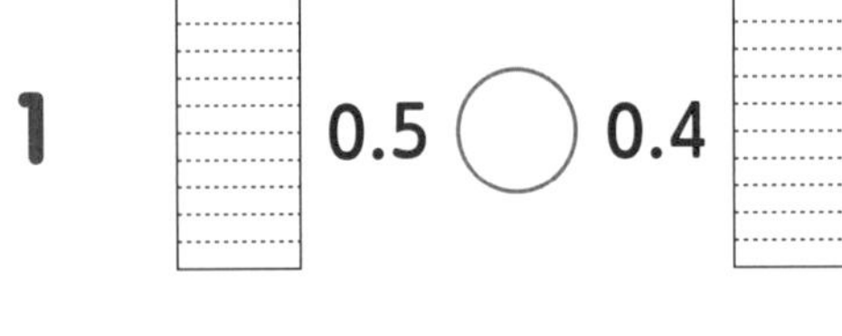

1 0.5 ◯ 0.4

2 0.3 ◯ 0.5

3 0.1이 6개인 수 ◯ 0.1이 2개인 수

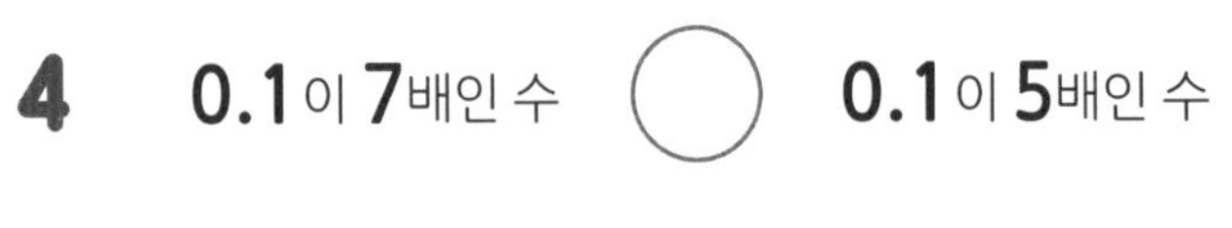

4 0.1이 7배인 수 ◯ 0.1이 5배인 수

5 1보다 0.2 작은 수 ◯ 1보다 0.1 작은 수

6 1.2 ◯ 0.9

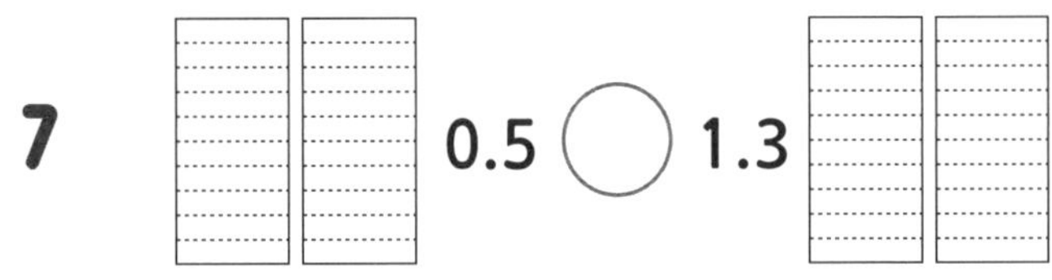

7 0.5 ◯ 1.3

8 0.1이 23개인 수 ◯ 0.1이 15개인 수

9 0.1이 17배인 수 ◯ 0.1이 31배인 수

10 2보다 0.3 큰 수 ◯ 3보다 0.1 큰 수

※ 0.9보다 0.1 큰 수는 1 입니다. 1 보다 0.1 작은 수는 0.9 입니다.

이어서 나는 ____ 을(를) 공부/연습할거야!!

07 소수의 크기 (2)

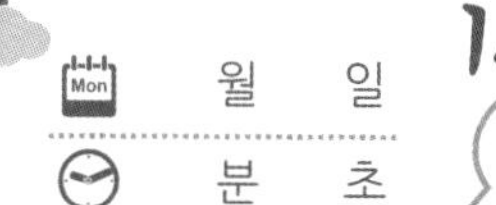

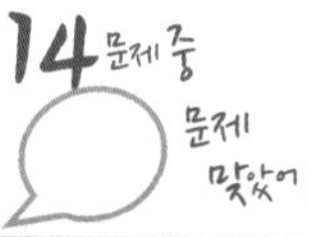

① **자연수**자리 숫자가 **큰 수**가 더 큽니다.

5.42 > 3.427 (5 > 3)

② 소수 **첫째** 자리 숫자가 **큰 수**가 큽니다.

5.42 > 5.298 (4 > 2)

③ 소수 **둘째** 자리 숫자가 **큰 수**가 큽니다.

5.42 < 5.431 (2 < 3)

④ 소수 **셋째** 자리 숫자가 **큰 수**가 큽니다.

5.420 < 5.421 (0 < 1)

자연수가 다르면 자연수 부분이 큰 수가 큰 수이고,

자연수가 같으면 소수 첫째자리, 둘째자리, 셋째의자리...의 순서로 크기를 비교합니다.

두 수의 크기를 보기와 같이 풀고, □에 더 큰 수를 적으세요.

보기 4.23 | 7.238 — 자연수 자리 4 < 7 → 7.238

1 3.829 | 3.614 — 소수1째 자리 8 > 6 → □

2 1.234 | 1.24 — 소수2째 자리 3 ○ 4 → □

3 2.517 | 2.516 — 소수3째 자리 7 ○ 6 → □

4 1.078 | 0.9 — 자연수 자리 1 ○ 0 → □

5 1.594 | 3.526 — ____ 자리 __○__ → □

6 4.54 | 4.249 — ____ 자리 __○__ → □

7 7.026 | 7 — ____ 자리 __○__ → □

8 3.156 | 3.157 — ____ 자리 __○__ → □

9 8.520 | 0.867 — ____ 자리 __○__ → □

10 6.526 | 6.327 — ____ 자리 __○__ → □

11 5 | 5.481 — ____ 자리 __○__ → □

12 4.759 | 8.520 — ____ 자리 __○__ → □

13 3.697 | 1.6 — ____ 자리 __○__ → □

14 2.003 | 2.01 — ____ 자리 __○__ → □

이어서 나는 ______ 을(를) 공부/연습할거야!!

08 소수 한자리 수의 덧셈 (1)

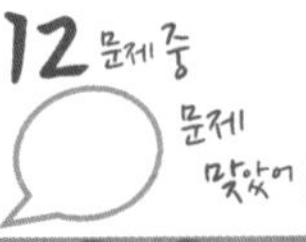

0.6 + 0.7 의 밑으로 계산 (세로셈)

① 0.6 + 0.7을 아래와 같이 적습니다.

	0.6
+	0.7

② 자연수의 덧셈과 같은 방법으로 계산합니다.

	0.6
+	0.7
	1 3

③ 소수점을 그대로 내려 찍습니다.

	0.6
+	0.7
	1.3

0.1이 6개
+ 0.1이 7개
0.1이 13개 ➡ 1.3

식을 밑으로 적어서 계산하고, 값을 적으세요.

1 0.5 + 0.6 = ☐

	0.5
+	0.6

2 0.7 + 0.4 = ☐

	0.7
+	0.4

※ 반드시 앞의 수를 위에 적고 뒤의 수를 밑에 적고, 계산합니다.

3 0.3 + 0.9 = ☐

	0.3
+	0.9

※ 소수점의 위치를 같이 마춰 줍니다.

4 0.8 + 0.7 = ☐

	0.8
+	0.7

5 0.8 + 0.9 = ☐

6 0.2 + 0.8 = ☐

7 0.5 + 0.4 = ☐

8 0.4 + 0.7 = ☐

9 0.3 + 0.8 = ☐

10 0.7 + 0.5 = ☐

11 0.8 + 0.9 = ☐

12 0.9 + 0.9 = ☐

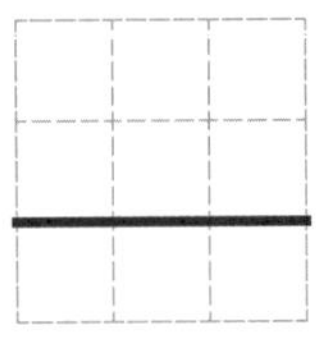
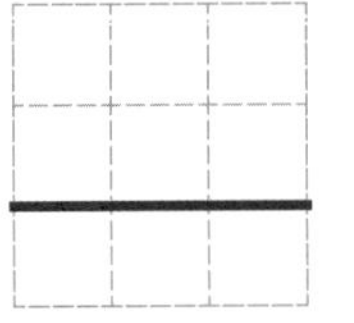
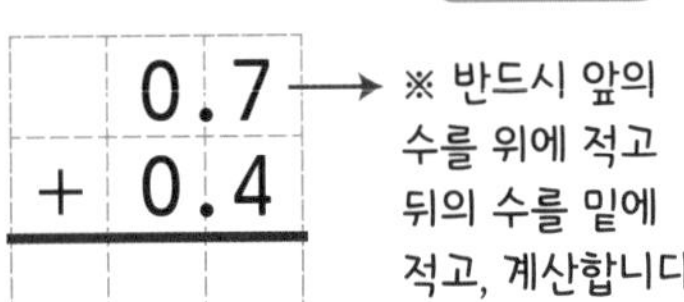
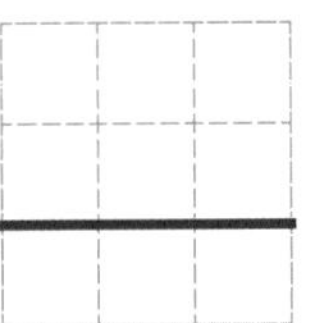
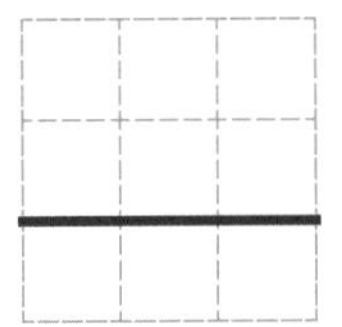
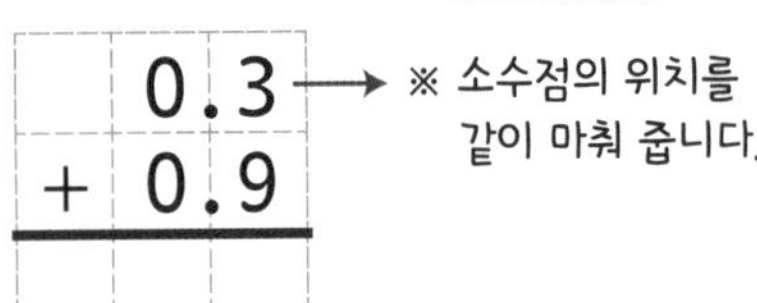
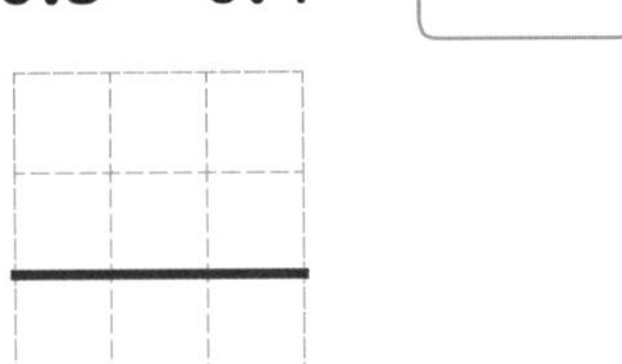
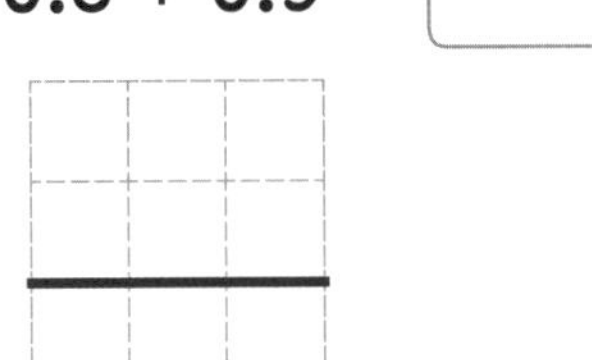
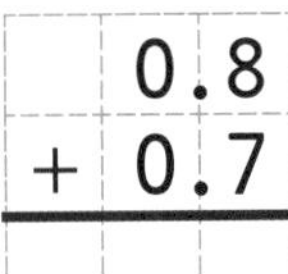
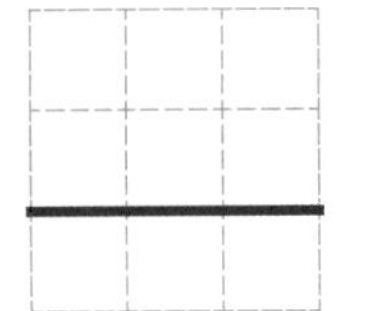

09 소수 한자리 수의 덧셈 (2)

월 일 분 초

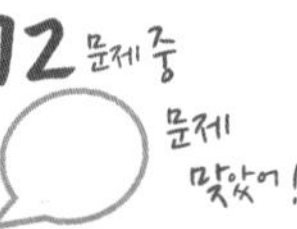

2.6 + 3.7 의 밑으로 계산 (세로셈)

① 2.6 + 3.7을 아래와 같이 적습니다. ② 자연수의 덧셈과 같은 방법으로 계산합니다. ③ 소수점을 그대로 내려 찍습니다.

	2	. 6
+	3	. 7

	2	. 6
+	3	. 7
	6	3

	2	. 6
+	3	. 7
	6	. 3

0.1이 26개
+ 0.1이 37개
0.1이 63개 ➡ 6.3

식을 밑으로 적어서 계산하고, 값을 적으세요.

1 2.6 + 1.7 = ☐

	2	. 6
+	1	. 7

2 5.8 + 2.5 = ☐

	5	. 8
+	2	. 5

※ 반드시 앞의 수를 위에 적고 뒤의 수를 밑에 적고, 계산합니다.

3 4.4 + 2.6 = ☐

	4	. 4
+	2	. 6

※ 반드시 소수점의 위치를 같이 마춰 줍니다.

4 3.9 + 5.6 = ☐

	3	. 9
+	5	. 6

5 2.7 + 5.8 = ☐

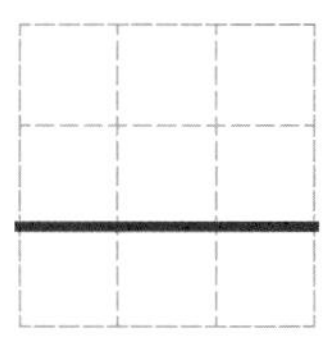

6 3.6 + 4.6 = ☐

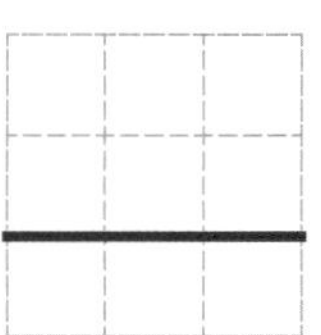

7 5.9 + 3.3 = ☐

8 1.3 + 6.7 = ☐

9 0.9 + 8.7 = ☐

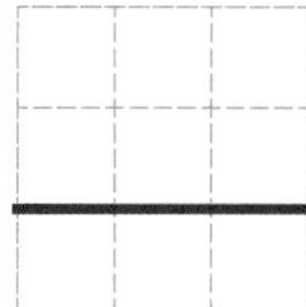

10 7.5 + 1.8 = ☐

11 4.7 + 2.9 = ☐

12 2.5 + 2.5 = ☐

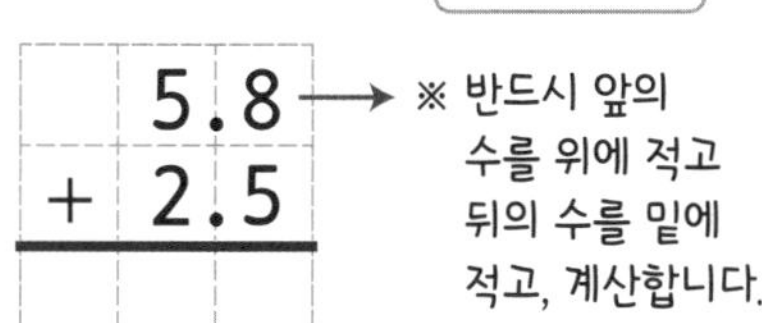
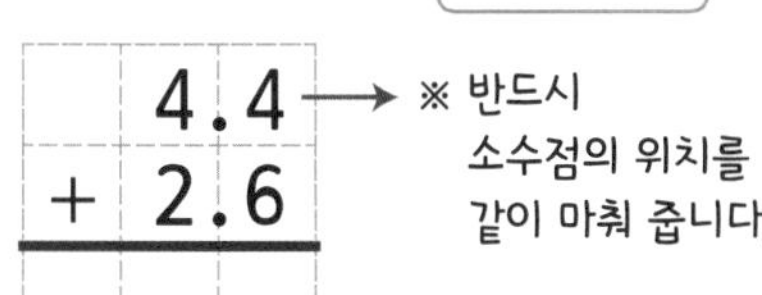
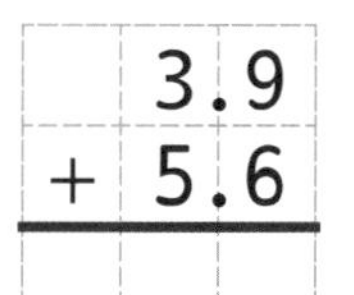

월 일
분 초

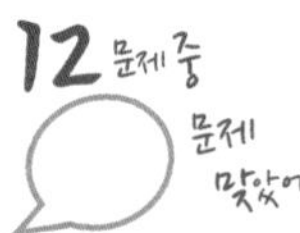
12 문제 중 문제 맞았어

8.6 + 3.7 의 밑으로 계산 (세로셈)

① 8.6 + 3.7을 아래와 같이 적습니다.

	8	.6
+	3	.7

② 자연수의 덧셈과 같은 방법으로 계산합니다.

1	1	
	8	.6
+	3	.7
1	2	3

③ 소수점을 그대로 내려 찍습니다.

1	1	
	8	.6
+	3	.7
1	2	.3

0.1이 86개
+ 0.1이 37개
0.1이 123개 ➡ 12.3

식을 밑으로 적어서 계산하고, 값을 적으세요.

1 2.6 + 8.7 = ☐

	2	.6
+	8	.7

2 5.8 + 5.5 = ☐

	5	.8
+	5	.5

※ 반드시 앞의 수를 위에 적고 뒤의 수를 밑에 적고, 계산합니다.

3 8.4 + 2.0 = ☐

	8	.4
+	2	.0

※ 반드시 소수점의 위치를 같이 마춰 줍니다.

4 3.9 + 9.6 = ☐

	3	.9
+	9	.6

5 6.7 + 6.8 = ☐

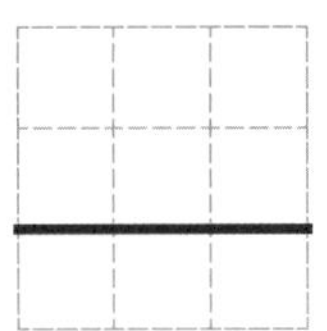

6 7.6 + 4.6 = ☐

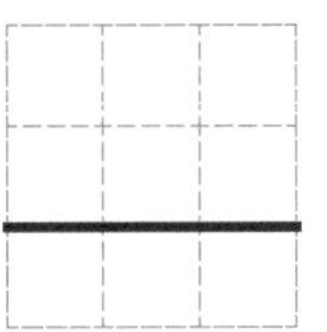

7 8.9 + 3.3 = ☐

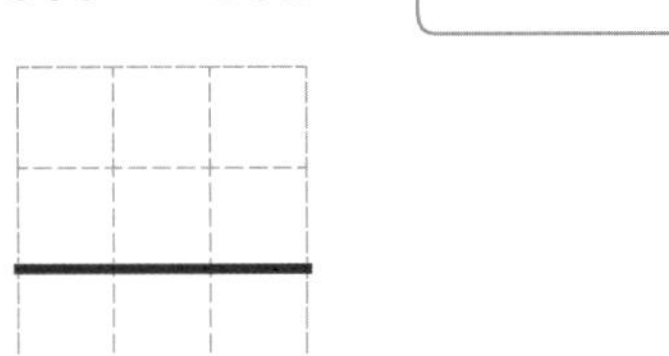

8 9.0 + 6.7 = ☐

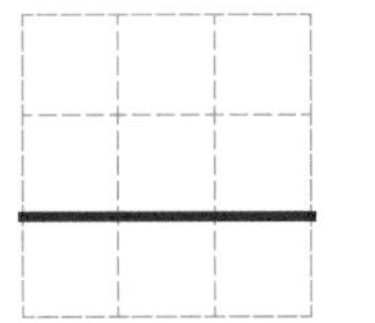

9 7.4 + 8.7 = ☐

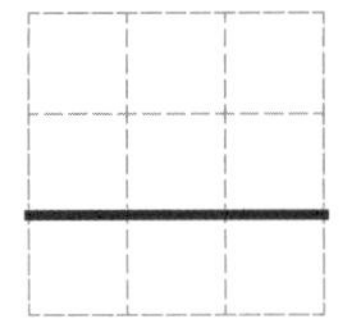

10 4.5 + 6.8 = ☐

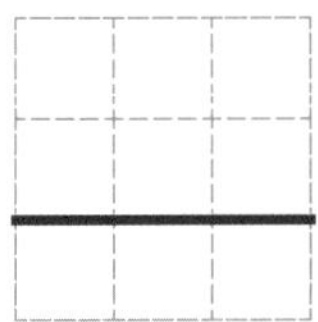

11 9.7 + 7.9 = ☐

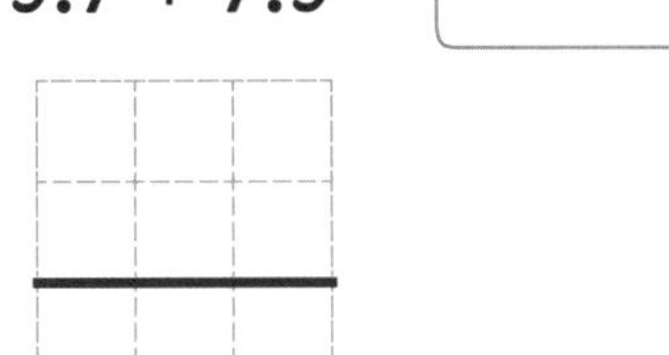

12 5.5 + 5.5 = ☐

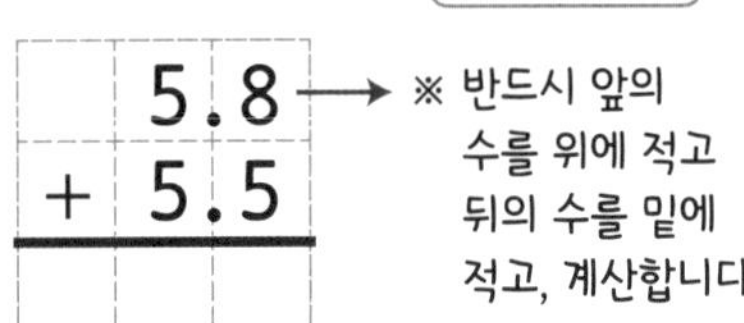
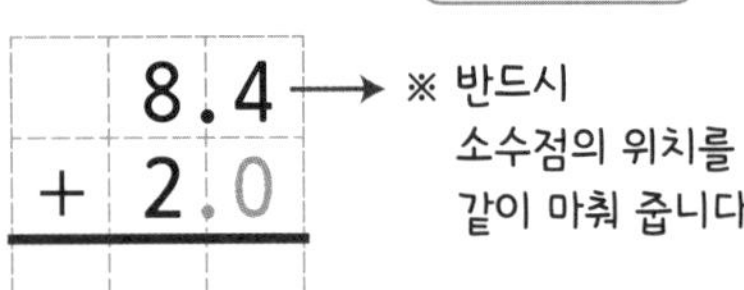
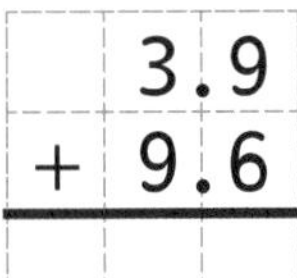

확인 (틀린 문제의 수를 적고, 약한 부분을 보충하세요.)

회차	틀린문제수
06 회	문제
07 회	문제
08 회	문제
09 회	문제
10 회	문제

생각해보기

앞에서 배운 5회차 내용이 모두 이해 되었나요?

1. 모두 이해되고 자신있다. → 다음 회로 넘어 갑니다.

2. 2~3문제 틀릴 수는 있겠지만 거의 이해한다.
   → 개념부분을 한번 더 읽고 다음 회로 넘어 갑니다.

3. 잘 모르는 것 같다.
   → 개념부분과 틀린문제를 한번 더 보고 다음 회로 넘어 갑니다.

틀린 문제가 있었다면 왜 틀렸을거라고 생각합니까?

1. 개념 설명이 어려워서 잘 모르겠다. 2. 다 아는데 실수한 것 같다.

3. 빨리 끝내고 싶어서 집중할 수가 없다. 4. 하기 싫어서....

오답노트 (앞에서 틀린 문제나 기억하고 싶은 문제를 적습니다.)

회 번	
문제	풀이

회 번	
문제	풀이

회 번	
문제	풀이

회 번	
문제	풀이

회 번	
문제	풀이

11 소수 두자리 수의 덧셈 (1)

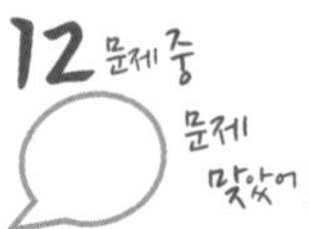

0.12 + 0.59 의 밑으로 계산 (세로셈)

① 0.12 + 0.59를 아래와 같이 적습니다.

	0.	1	2
+	0.	5	9

※ 반드시 소수점의 위치를 똑같이 마춰 줍니다.

② 자연수의 덧셈과 같은 방법으로 계산합니다.

		1	
	0.	1	2
+	0.	5	9
		7	1

③ 소수점을 그대로 내려 찍습니다.

		1	
	0.	1	2
+	0.	5	9
	0.	7	1

※ 소수점을 내릴때 앞에 자연수가 0이면 0을 붙여 줍니다.

0.01이 12개
+ 0.01이 59개
0.01이 71개 ➡ 0.71

식을 밑으로 적어서 계산하고, 값을 적으세요.

1 0.25 + 0.16 = □

	0.	2	5
+	0.	1	6

2 0.12 + 0.81 = □

	0.	1	2
+	0.	8	1

※ 반드시 앞의 수를 위에 적고 뒤의 수를 밑에 적고, 계산합니다.

3 0.35 + 0.57 = □

4 0.69 + 0.13 = □

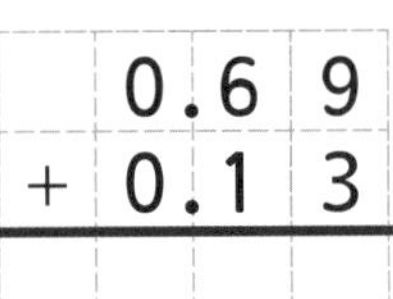

5 0.28 + 0.63 = □

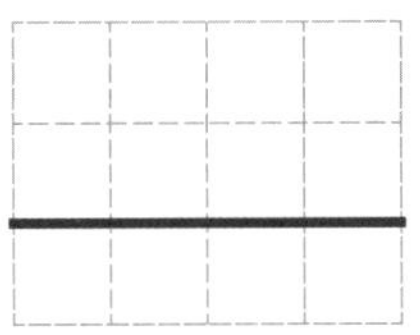

6 0.54 + 0.16 = □

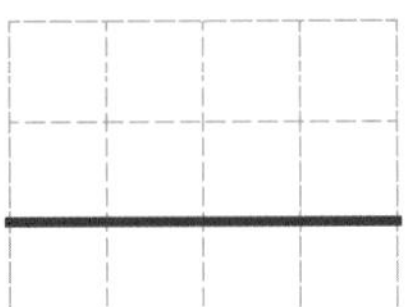

7 0.39 + 0.39 = □

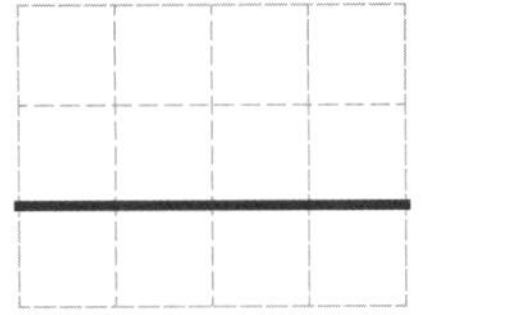

8 0.47 + 0.15 = □

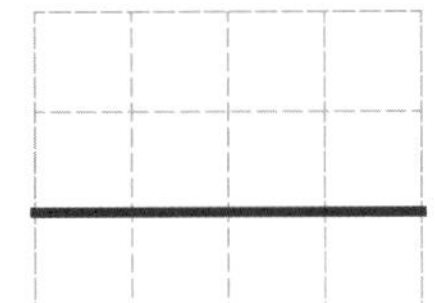

9 0.38 + 0.52 = □

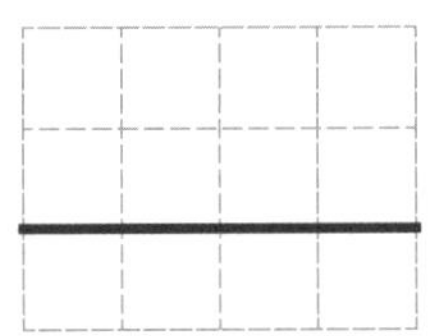

10 0.55 + 0.27 = □

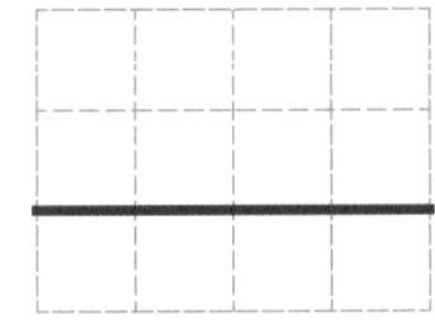

11 0.64 + 0.19 = □

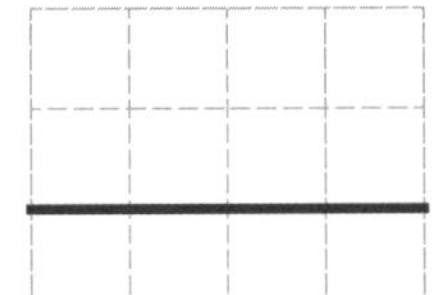

12 0.37 + 0.36 = □

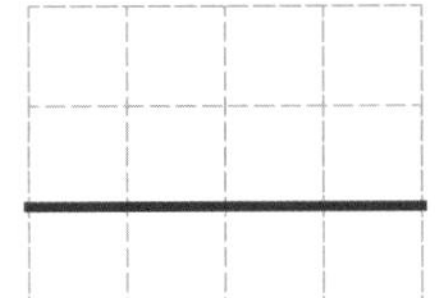

이어서 나는 (　　) 을(를) 공부/연습할거야!!

12 소수 두자리 수의 덧셈 (2)

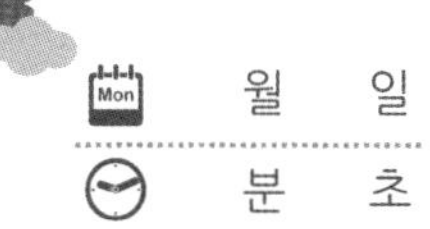

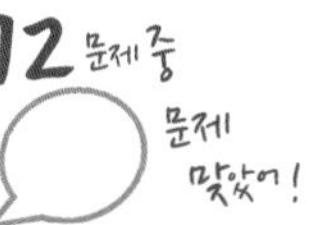

2.62 + 3.59 의 밑으로 계산 (세로셈)

① 2.62 + 3.59를 아래와 같이 적습니다.

	2	.6	2
+	3	.5	9

※ 반드시 소수점의 위치를 똑같이 마춰 줍니다.

② 자연수의 덧셈과 같은 방법으로 계산합니다.

	1	1	
	2	.6	2
+	3	.5	9
	6	2	1

※ 받아올림에 주의하여 계산합니다.

③ 소수점을 그대로 내려 찍습니다.

	1	1	
	2	.6	2
+	3	.5	9
	6	.2	1

0.01이 262개
+ 0.01이 359개
0.01이 621개 ➡ 6.21

식을 밑으로 적어서 계산하고, 값을 적으세요.

1 1.33 + 5.78 = ☐

	1	.3	3
+	5	.7	8

5 0.65 + 3.17 = ☐

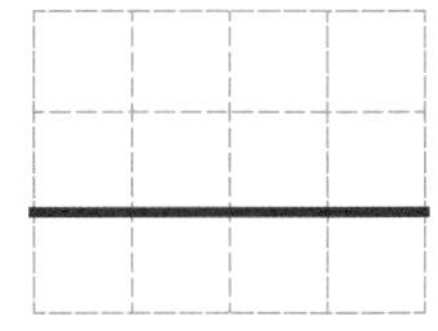

9 4.15 + 0.47 = ☐

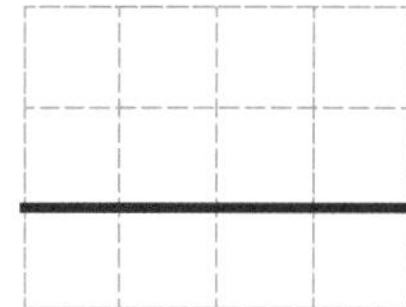

2 4.34 + 2.67 = ☐

	4	.3	4
+	2	.6	7

※ 반드시 앞의 수를 위에 적고 뒤의 수를 밑에 적고, 계산합니다.

6 3.27 + 4.65 = ☐

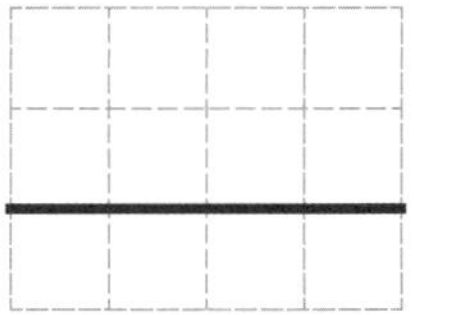

10 2.76 + 6.29 = ☐

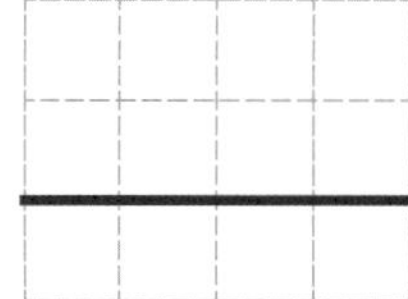

3 8.41 + 0.83 = ☐

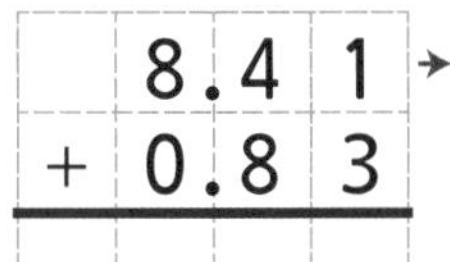

	8	.4	1
+	0	.8	3

※ 소수점의 위치를 같이 마춰 줍니다.

7 7.73 + 5.36 = ☐

11 3.46 + 0.56 = ☐

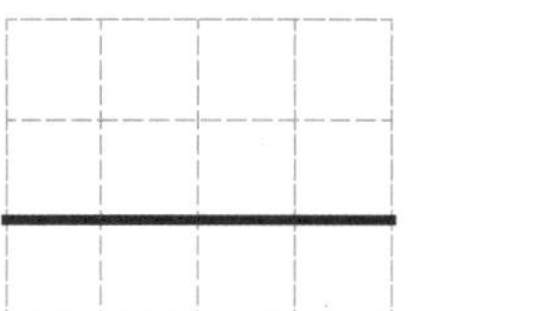

4 2.14 + 6.36 = ☐

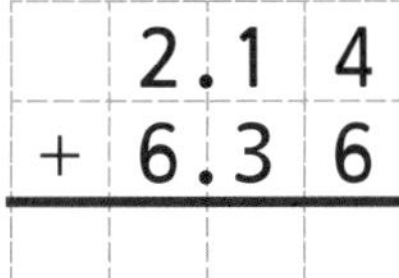

	2	.1	4
+	6	.3	6

8 6.54 + 8.58 = ☐

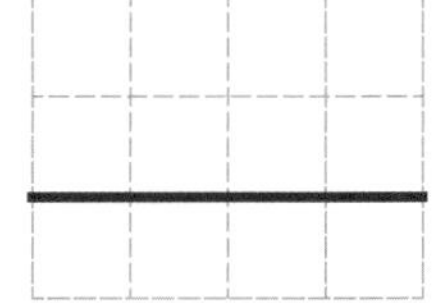

12 5.87 + 4.48 = ☐

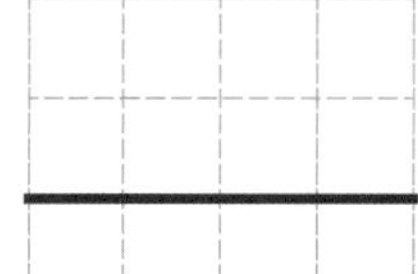

13 소수 두자리 수의 덧셈 (3)

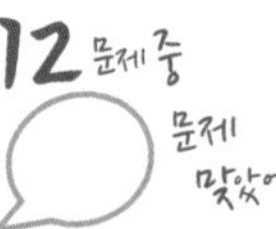

0.132 + 0.519 의 밑으로 계산 (세로셈)

① 0.132 + 0.519 를 아래와 같이 적습니다.

	0 .	1	3	2
+	0 .	5	1	9

※ 반드시 소수점의 위치를 똑같이 마춰 줍니다.

② 자연수의 덧셈과 같은 방법으로 계산합니다.

			1	
	0 .	1	3	2
+	0 .	5	1	9
		6	5	1

③ 소수점을 그대로 내려 찍습니다.

			1	
	0 .	1	3	2
+	0 .	5	1	9
	0 .	6	5	1

※ 소수점을 내릴때 앞에 자연수가 0이면 0을 붙여 줍니다.

0.001이 132개
+ 0.001이 519개
0.001이 651개 ➡ 0.651

식을 밑으로 적어서 계산하고, 값을 적으세요.

1 0.307+0.277 =

	0 .	3	0	7
+	0 .	2	7	7

2 0.028+0.409 =

	0 .	0	2	8
+	0 .	4	0	9

3 0.628+0.149 =

	0 .	6	2	8
+	0 .	1	4	9

4 0.213+0.114 =

	0 .	2	1	3
+	0 .	1	1	4

5 0.484+0.379 =

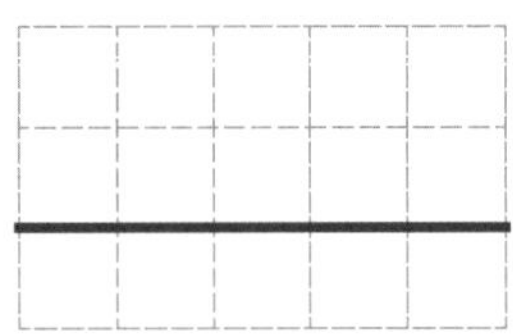

6 0.469+0.166 =

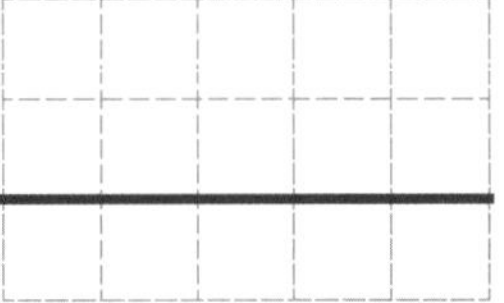

7 0.354+0.275 =

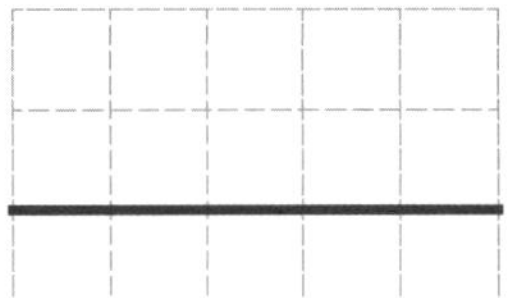

8 0.187+0.023 =

9 0.504+0.207 =

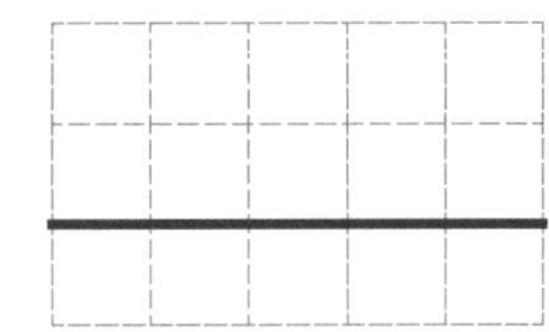

10 0.636+0.195 =

11 0.465+0.095 =

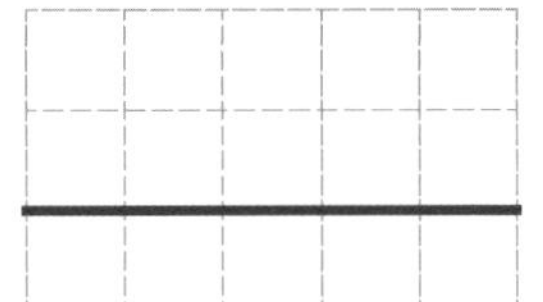

12 0.367+0.463 =

이어서 나는 (   ) 을(를) 공부/연습할거야!!

2.132 + 3.519 의 밑으로 계산 (세로셈)

① 2.132 + 3.519 를 아래와 같이 적습니다.

	2	.1	3	2
+	3	.5	1	9

※ 반드시 소수점의 위치를 똑같이 마춰 줍니다.

② 자연수의 덧셈과 같은 방법으로 계산합니다.

			1	
	2	.1	3	2
+	3	.5	1	9
	5	6	5	1

③ 소수점을 그대로 내려 찍습니다.

			1	
	2	.1	3	2
+	3	.5	1	9
	5	.6	5	1

※ 소수점을 내릴때 앞에 자연수가 0이면 0을 붙여 줍니다.

0.001이 2132개
+ 0.001이 3519개

0.001이 5651개 ➡ 5.651

식을 밑으로 적어서 계산하고, 값을 적으세요.

1 5.307+3.277 =

	5	.3	0	7
+	3	.2	7	7

2 0.028+2.409 =

	0	.0	2	8
+	2	.4	0	9

3 1.628+6.149 =

	1	.6	2	8
+	6	.1	4	9

4 3.213+4.114 =

	3	.2	1	3
+	4	.1	1	4

5 1.484+0.379 =

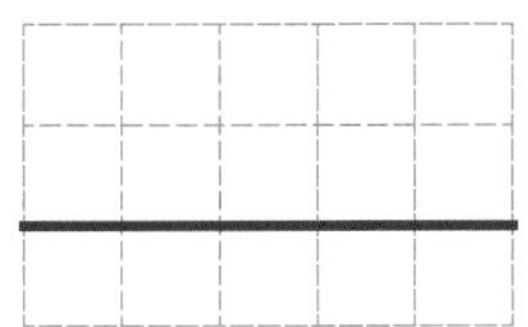

6 2.469+1.166 =

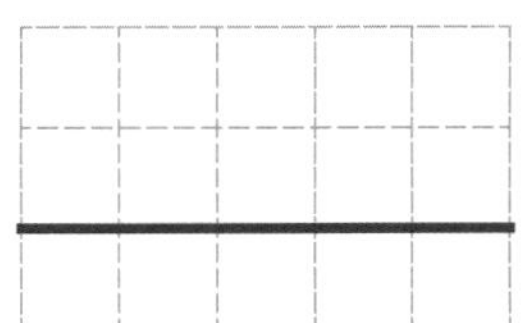

7 5.354+2.275 =

8 3.187+3.023 =

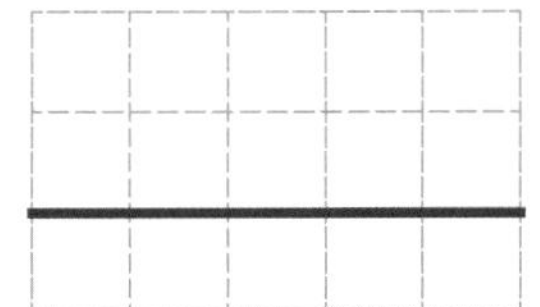

9 0.504+4.207 =

10 1.636+1.195 =

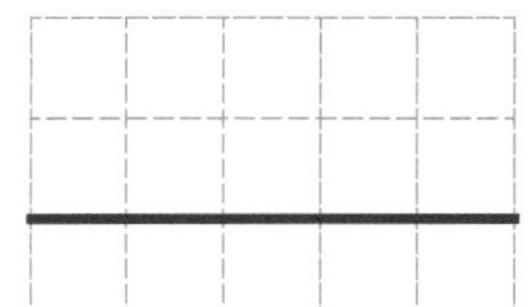

11 3.465+6.095 =

12 1.367+5.463 =

15 소수의 덧셈 (생각문제1)

문제) 매실차을 만들기 위해 매실원액 0.3리터와 생수 0.6리터를 썩었습니다. 매실차는 몇 리터 만들어 졌을까요?

풀이) 매실원액 = 0.3 리터   생수 = 0.6 리터

매실차 = 매실원액 + 생수 이므로

식은 0.3+0.6이고 값은 0.9 입니다.

따라서 매실차 0.9 리터 만들었습니다.

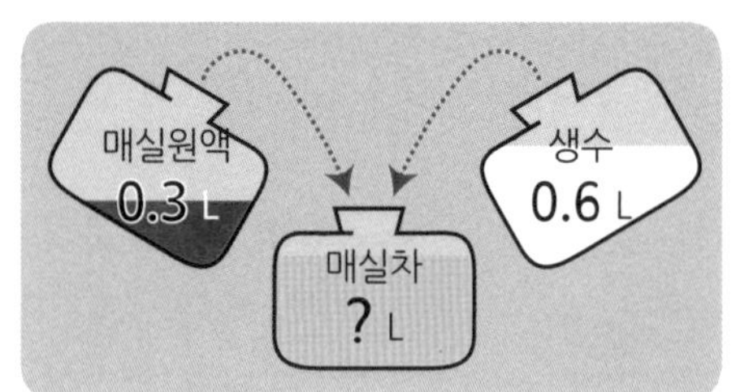

식) 0.3+0.6   답) 0.9 리터

아래의 문제를 풀어보세요.

1 두발뛰기를 하였습니다. 첫째발에 1.3m를 뛰었고, 둘째발에 1.4m를 뛰었다면, 모두 몇 m를 뛴 것일까요?

풀이) 첫째발 = ☐ m

둘째발 = ☐ m

두발뛰기 = 첫째발에 뛴 거리 ☐ 둘째발에 뛴 거리

이므로 식은 ☐ 이고

답은 ☐ m 입니다.

식) ________   답) ______ m

2 반으로 접히는 머리빗이 있습니다. 빗는 부분이 4.7cm이고, 손잡이 부분이 6.5cm라면, 빗을 폈을때는 몇 cm일까요?

풀이) 빗는 부분 = ☐ cm

손잡이 부분 = ☐ cm

전체 빗의 길이 = 빗는 부분 ☐ 손잡이 부분

이므로 식은 ☐ 이고

답은 ☐ cm 입니다.

몇 cm인지 물으면 꼭 몇 cm라고 답해야 합니다.

식) ________   답) ______ cm

3 타자연습을 했습니다. 첫째줄을 치는데 7.2초, 둘째줄은 5.8초가 걸렸다면, 둘째줄까지 치는데 몇 초 걸렸을까요?

(식 2점 답 1점)

풀이)

식) ________   답) ______ 초

4 내가 문제를 만들어 풀어 봅니다. (소수 1자리수의 덧셈)

(문제 2점 식 2점 답 1점)

풀이)

식) ________   답) ______

 이어서 나는 ______ 을(를) 공부/연습할거야!!

확인 (틀린 문제의 수를 적고, 약한 부분을 보충하세요.)

회차	틀린문제수
11 회	문제
12 회	문제
13 회	문제
14 회	문제
15 회	문제

생각해보기

앞에서 배운 5회차 내용이 모두 이해 되었나요?

1. 모두 이해되고 자신있다. → 다음 회로 넘어 갑니다.

2. 2~3문제 틀릴 수는 있겠지만 거의 이해한다.
   → 개념부분을 한번 더 읽고 다음 회로 넘어 갑니다.

3. 잘 모르는 것 같다.
   → 개념부분과 틀린문제를 한번 더 보고 다음 회로 넘어 갑니다.

틀린 문제가 있었다면 왜 틀렸을거라고 생각합니까?

1. 개념 설명이 어려워서 잘 모르겠다. 2. 다 아는데 실수한 것 같다.

3. 빨리 끝내고 싶어서 집중할 수가 없다. 4. 하기 싫어서....

오답노트 (앞에서 틀린 문제나 기억하고 싶은 문제를 적습니다.)

회 번	
문제	풀이

회 번	
문제	풀이

회 번	
문제	풀이

회 번	
문제	풀이

회 번	
문제	풀이

16 자리수가 다른 소수의 덧셈 (1)

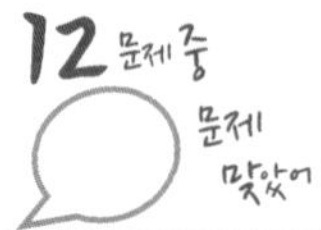

2.1 + 3.919 의 밑으로 계산 (세로셈) – 소수점의 위치를 똑같이 맞춰 계산합니다.

① 2.1 + 3.919 를 아래와 같이 적습니다.

	2	.1	0	0
+	3	.9	1	9

※ 반드시 소수점의 위치를 똑같이 마춰 줍니다.

② 자연수의 덧셈과 같은 방법으로 계산합니다.

	1			
	2	.1	0	0
+	3	.9	1	9
	6	0	1	9

③ 소수점을 그대로 내려 찍습니다.

	1			
	2	.1	0	0
+	3	.9	1	9
	6	.0	1	9

※ 소수점을 내릴때 앞에 자연수가 0이면 0을 붙여 줍니다.

0.001이 2100개
\+ 0.001이 3919개
0.001이 6019개 ➡ 6.019

식을 밑으로 적어서 계산하고, 값을 적으세요.

1 1.10 + 2.64 =

		1	.1	
+		2	.6	4

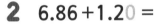

2 6.86 + 1.20 =

		6	.8	6
+		1	.2	

3 3.300 + 5.908 =

	3	.3		
+	5	.9	0	8

4 4.377 + 4.400 =

	4	.3	7	7
+	4	.4		

5 2.550 + 3.057 =

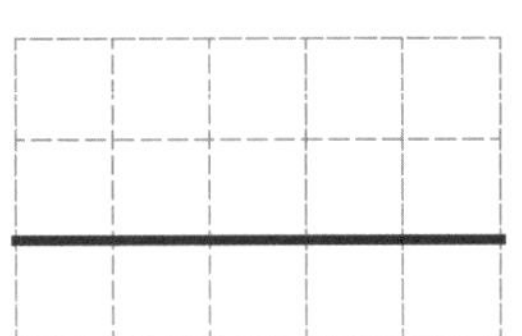

6 4.620 + 0.279 =

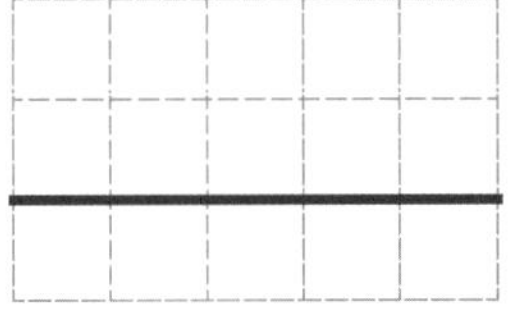

7 1.977 + 5.640 =

8 3.058 + 4.680 =

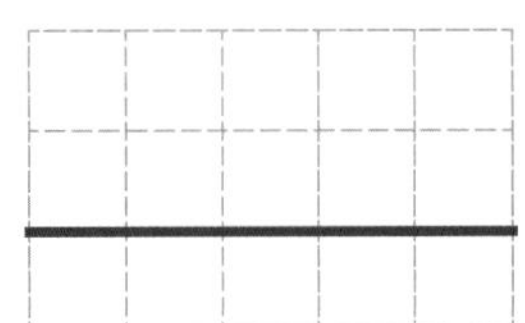

9 2.00 + 7.33 =

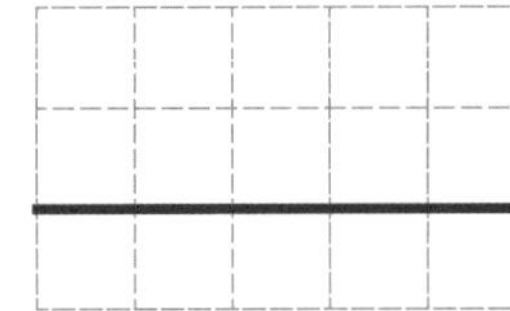

10 8.98 + 3.00 =

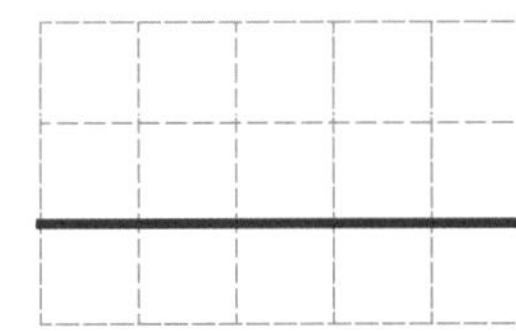

11 4.000 + 6.603 =

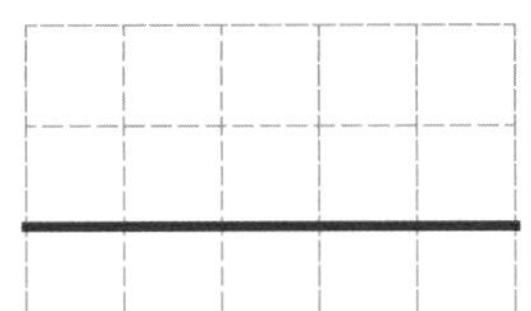

12 5.091 + 9.000 =

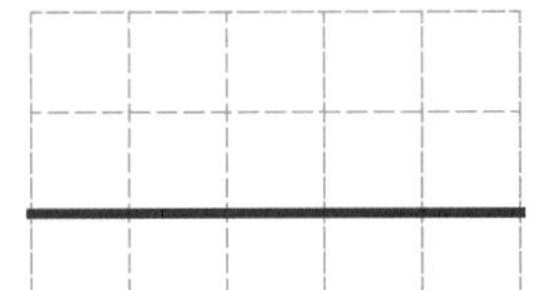

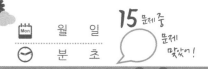

17 소수의 덧셈 (연습1)

월 일
분 초

15 문제 중 문제 맞았어!

아래 문제를 계산하여 값을 적으세요.

1 6.64+1.2 =

2 4.26+0.5 =

3 3.64+4.2 =

4 1.7+1.46 =

5 4.2+2.87 =

6 8.584+0.4 =

7 2.963+3.2 =

8 0.539+3.9 =

9 5.1+2.815 =

10 4.7+3.969 =

11 2.274+4.63 =

12 3.862+1.48 =

13 1.382+6.84 =

14 3.35+3.058 =

15 4.11+7.891 =

이어서 나는 ______ 을(를) 공부/연습할거야!!

18 소수의 덧셈 (연습2)

월 일
분 초

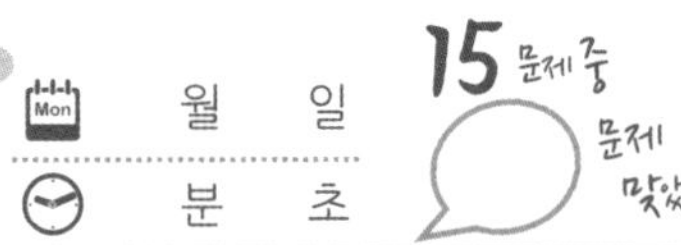

아래 문제를 계산하여 값을 적으세요.

1 4.59 + 3.6 =

2 5.34 + 0.7 =

3 2.26 + 1.8 =

4 3.3 + 2.97 =

5 5.1 + 2.57 =

6 3.884 + 3.5 =

7 1.339 + 4.8 =

8 2.316 + 6.9 =

9 3.6 + 2.836 =

10 5.3 + 1.205 =

11 8.819 + 1.25 =

12 0.606 + 7.18 =

13 4.164 + 2.23 =

14 1.77 + 7.957 =

15 2.24 + 8.809 =

이어서 나는 ______ 을(를) 공부/연습할거야!!

19 소수의 덧셈 (연습3)

월 일
분 초

아래 문제를 계산하여 값을 적으세요.

1 3.16+2.4 =

2 5.48+1.3 =

3 8.22+0.8 =

4 4.6+2.76 =

5 2.4+6.98 =

6 0.636+6.7 =

7 7.586+2.5 =

8 3.348+4.3 =

9 9.5+1.268 =

10 8.7+9.325 =

11 2.346+2.96 =

12 5.855+0.96 =

13 3.796+4.38 =

14 7.26+8.914 =

15 1.31+9.698 =

이어서 나는 ______ 을(를) 공부/연습할거야!!

20 소수의 덧셈 (생각문제2)

월 일
분 초

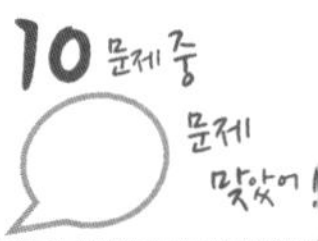

10 문제 중 문제 맞았어!

문제) 1.25m인 노란색 테이프와 0.89m인 빨간색 테이프를 겹치지 않게 연속해서 붙이면, 전체 길이는 몇 m가 될까요?

풀이) 노란색 = 1.25 m 빨간색 = 0.89 m

전체 길이 = 노란색 테이프 + 빨간색 테이프 이므로

식은 1.25+0.89이고 값은 2.14입니다.

따라서 매실차 2.14m 만들었습니다.

식) 1.25+0.89 답) 2.14m

←1.25m→	←0.89m→
노란색	빨간색
←전체 ? m→	

아래의 문제를 풀어보세요.

1 집에서 편의점까지 0.67km이고, 편의점에서 학교까지는 0.54km입니다. 집에서 학교까지의 거리는 몇 km일까요?

(꼭 편의점을 거쳐서 학교를 가야합니다.)

풀이) 편의점까지 거리 = ☐ km

학교까지 거리 = ☐ km

전체거리 = 편의점까지 거리 ☐ 학교까지 거리

이므로 식은 ☐ 이고

답은 ☐ km 입니다.

식) ________ 답) ________ km

2 무게가 0.89kg인 가방 안에 무게가 0.15kg인 책을 넣었다면, 가방은 몇 kg이 됬을까요?

풀이) 처음 가방의 무게 = ☐ kg

책의 무게 = ☐ kg

전체무게 = 처음 가방의 무게 ☐ 책의 무게 이므로

식은 ☐ 이고

답은 ☐ kg 입니다.

식) ________ 답) ________ kg

3 수영장의 반대편까지 20.59초, 돌아오는데 26.63초가 걸렸다면, 갔다오는데 걸린 시간은 몇 초 일까요?

(식 2점 답 1점)

풀이)

식) ________ 답) ________ 초

4 내가 문제를 만들어 풀어 봅니다. (소수 2자리수의 덧셈)

(문제 2점 식 2점 답 1점)

풀이)

식) ________ 답) ________

 이어서 나는 ☐ 을(를) 공부/연습할거야!!

확인 (틀린 문제의 수를 적고, 약한 부분을 보충하세요.)

회차	틀린문제수
16 회	문제
17 회	문제
18 회	문제
19 회	문제
20 회	문제

생각해보기

앞에서 배운 5회차 내용이 모두 이해 되었나요?

1. 모두 이해되고 자신있다. → 다음 회로 넘어 갑니다.

2. 2~3문제 틀릴 수는 있겠지만 거의 이해한다.
   → 개념부분을 한번 더 읽고 다음 회로 넘어 갑니다.

3. 잘 모르는 것 같다.
   → 개념부분과 틀린문제를 한번 더 보고 다음 회로 넘어 갑니다.

틀린 문제가 있었다면 왜 틀렸을거라고 생각합니까?

1. 개념 설명이 어려워서 잘 모르겠다. 2. 다 아는데 실수한 것 같다.

3. 빨리 끝내고 싶어서 집중할 수가 없다. 4. 하기 싫어서....

오답노트 (앞에서 틀린 문제나 기억하고 싶은 문제를 적습니다.)

회 번	
문제	풀이

회 번	
문제	풀이

회 번	
문제	풀이

회 번	
문제	풀이

회 번	
문제	풀이

21 소수 한자리 수의 뺄셈 (1)

0.9 – 0.5 의 밑으로 계산 (세로셈)

① 0.9 – 0.5를 아래와 같이 적습니다.

	0.9
–	0.5

※ 반드시 소수점의 위치를 똑같이 마춰 줍니다.

② 자연수의 뺄셈과 같은 방법으로 계산합니다.

	0.9
–	0.5
	4

③ 소수점을 그대로 내려 찍습니다.

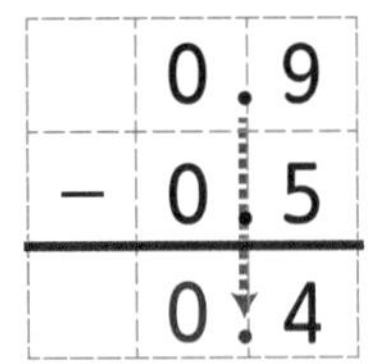

	0.9
–	0.5
	0.4

※ 소수점을 내릴때 앞에 자연수가 0이면 0을 붙여 줍니다.

0.1이 9개
– 0.1이 5개
0.1이 4개 ➡ 0.4

식을 밑으로 적어서 계산하고, 값을 적으세요.

1 0.6 – 0.3 = ☐

	0.6
–	0.3

2 0.7 – 0.4 = ☐

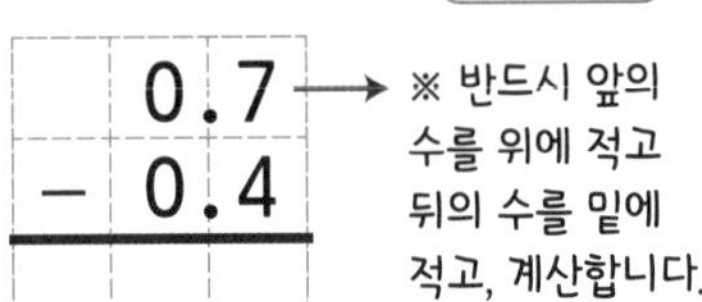

	0.7
–	0.4

※ 반드시 앞의 수를 위에 적고 뒤의 수를 밑에 적고, 계산합니다.

3 0.5 – 0.2 = ☐

	0.5
–	0.2

※ 소수점의 위치를 같이 마춰 줍니다.

4 0.8 – 0.7 = ☐

	0.8
–	0.7

5 0.9 – 0.8 = ☐

6 0.8 – 0.2 = ☐

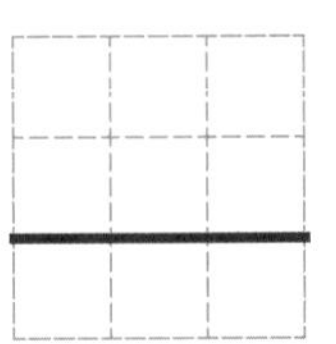

7 0.4 – 0.4 = ☐

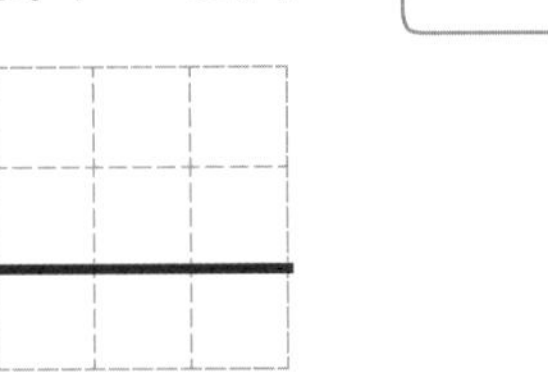

8 0.7 – 0.3 = ☐

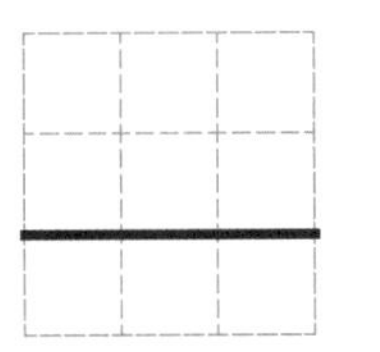

9 0.8 – 0.6 = ☐

10 0.7 – 0.5 = ☐

11 0.3 – 0.2 = ☐

12 0.9 – 0.9 = ☐

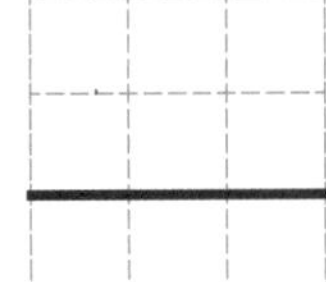

22 소수 한자리 수의 뺄셈 (2)

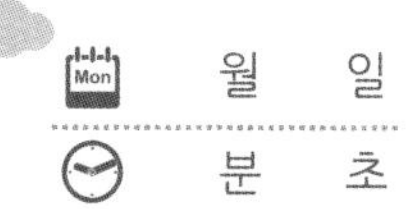

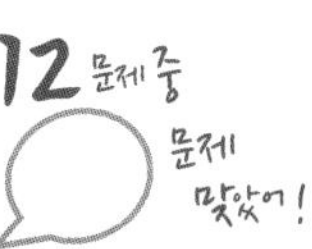

4.7 − 2.6 의 밑으로 계산 (세로셈)

① 4.7 − 2.6를 아래와 같이 적습니다.

② 자연수의 뺄셈과 같은 방법으로 계산합니다.

③ 소수점을 그대로 내려 적습니다.

	4 . 7
−	2 . 6

	4 . 7
−	2 . 6
	2 1

	4 . 7
+	2 . 6
	2 . 1

0.1이 47개
− 0.1이 26개
0.1이 21개 ➡ 2.1

※ 반드시 소수점의 위치를 똑같이 마춰 줍니다.

식을 밑으로 적어서 계산하고, 값을 적으세요.

1 2.9 − 1.7 = ☐

	2 . 9
−	1 . 7

2 5.8 − 2.5 = ☐

	5 . 8
−	2 . 5

※ 반드시 앞의 수를 위에 적고 뒤의 수를 밑에 적고, 계산합니다.

3 7.6 − 2.4 = ☐

	7 . 6
−	2 . 4

※ 반드시 소수점의 위치를 같이 마춰 줍니다.

4 5.9 − 3.6 = ☐

	5 . 9
−	3 . 6

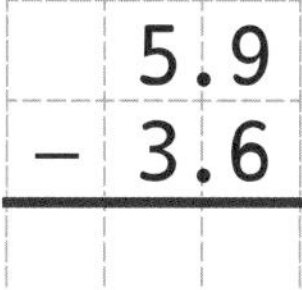

5 5.8 − 4.1 = ☐

6 4.9 − 4.8 = ☐

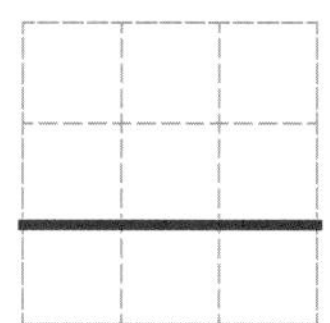

7 5.9 − 3.3 = ☐

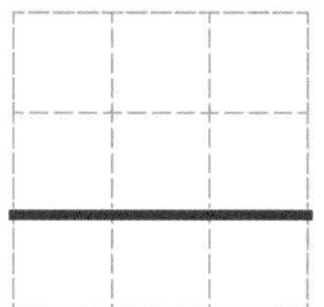

8 6.7 − 0.7 = ☐

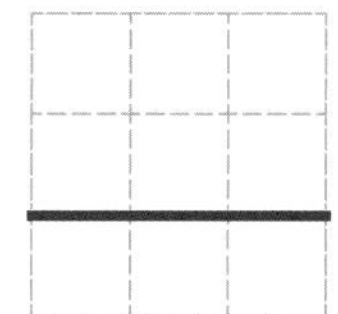

9 8.9 − 3.7 = ☐

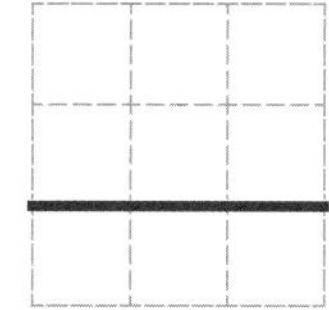

10 7.8 − 1.4 = ☐

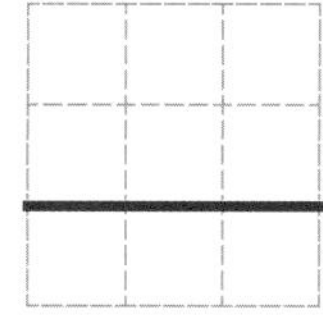

11 4.6 − 2.2 = ☐

12 9.5 − 9.5 = ☐

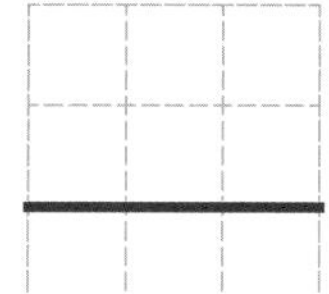

월 일
분 초

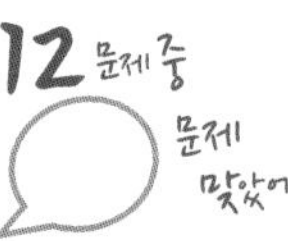
12문제 중 문제 맞았어

8.6 – 3.7 의 밑으로 계산 (세로셈)

① 8.6 – 3.7을 아래와 같이 적습니다.

	8 . 6
–	3 . 7

※ 반드시 소수점의 위치를 똑같이 마춰 줍니다.

② 자연수의 뺄셈과 같은 방법으로 계산합니다.

7 10

	8 . 6
–	3 . 7
	4 9

※ 받아내림에 주의하여 계산합니다.

③ 소수점을 그대로 내려 찍습니다.

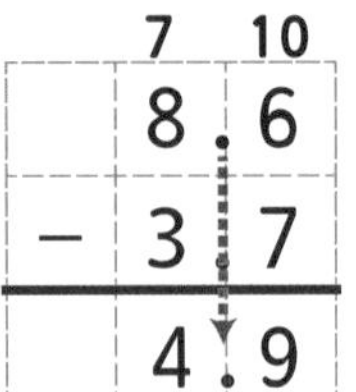

7 10

	8 . 6
–	3 . 7
	4 . 9

	0.1이 86개
–	0.1이 37개
	0.1이 49개 ➡ 4.9

식을 밑으로 적어서 계산하고, 값을 적으세요.

1 3.5 – 1.9 = ☐

	3.5
–	1.9

2 5.3 – 2.8 = ☐

	5.3
–	2.8

※ 반드시 앞의 수를 위에 적고 뒤의 수를 밑에 적고, 계산합니다.

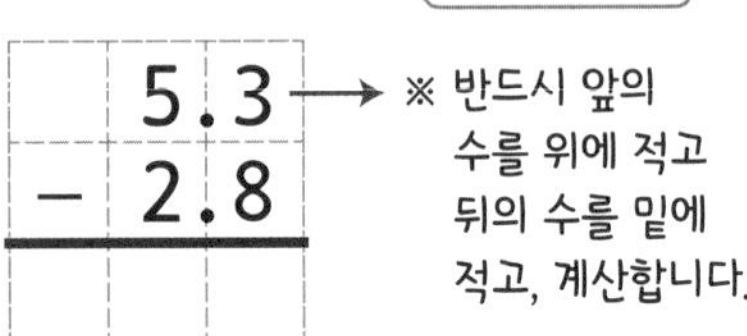

3 8.1 – 2.4 = ☐

	8.1
–	2.4

※ 반드시 소수점의 위치를 같이 마춰 줍니다.

4 9.6 – 6.9 = ☐

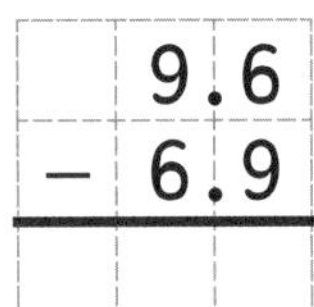

	9.6
–	6.9

5 8.7 – 6.8 = ☐

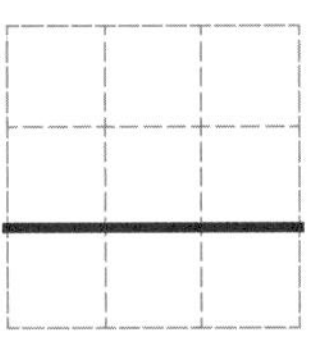

6 7.1 – 4.6 = ☐

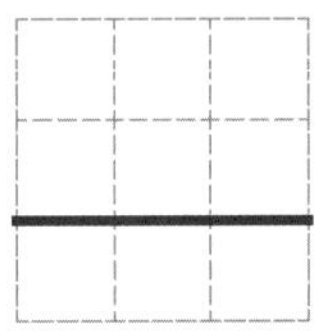

7 8.0 – 3.3 = ☐

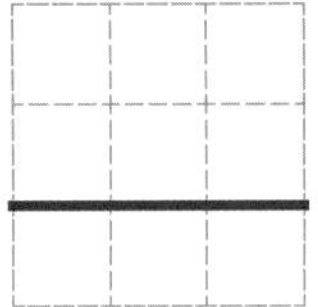

8 9.2 – 6.7 = ☐

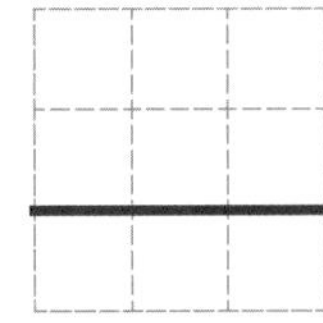

9 6.4 – 2.7 = ☐

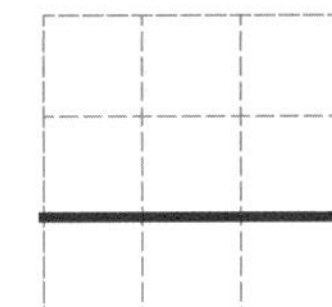

10 5.5 – 3.8 = ☐

11 7.3 – 3.8 = ☐

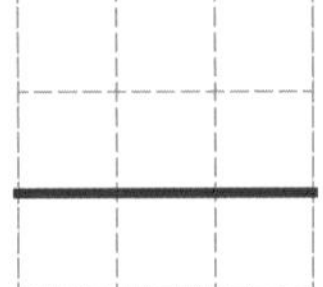

12 9.0 – 8.9 = ☐

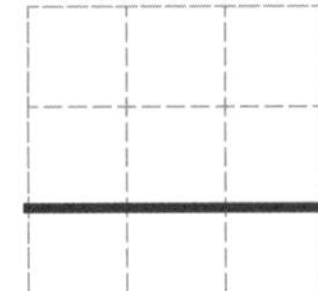

이어서 나는 ☐ 을(를) 공부/연습할거야!!

24 소수 한자리 수의 뺄셈 (연습)

아래 문제를 계산하여 값을 적으세요.

1 $4.4 - 1.8 =$ ☐

2 $9.7 - 5.7 =$ ☐

3 $3.4 - 2.6 =$ ☐

4 $6.2 - 1.6 =$ ☐

5 $8.5 - 5.9 =$ ☐

6 $9.9 - 3.4 =$ ☐

7 $7.2 - 2.5 =$ ☐

8 $5.3 - 1.2 =$ ☐

9 $9.7 - 4.5 =$ ☐

10 $7.6 - 0.7 =$ ☐

11 $8.3 - 1.8 =$ ☐

12 $3.0 - 2.4 =$ ☐

13 $6.1 - 5.9 =$ ☐

14 $7.5 - 4.7 =$ ☐

15 $9.2 - 3.6 =$ ☐

25 소수의 뺄셈 (생각문제1)

월 일
분 초

10 문제 중 문제 맞았어

문제) 매실원액 0.4리터와 생수를 썩어서 매실차 1.2리터를 만들었습니다. 생수는 몇 리터를 넣었을까요?

풀이) 매실차 = 1.2 리터 매실원액 = 0.4 리터

생수 = 매실차 + 매실원액 이므로

식은 1.2 − 0.4이고 값은 0.8 입니다.

따라서 매실차 0.8 리터 만들었습니다.

식) 1.2 − 0.4 답) 0.8 리터

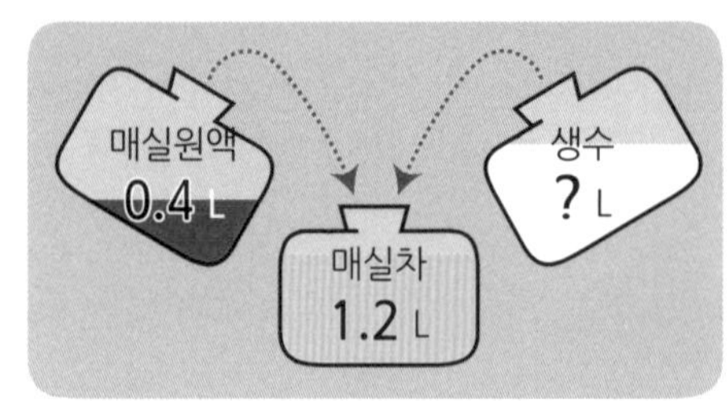

아래의 문제를 풀어보세요.

1 두발뛰기를 해서 3.4m를 뛰었습니다. 첫째발에 1.6m를 뛰었다면, 둘째발은 몇 m를 뛴 것일까요?

풀이) 두발뛰기 기록 = ☐ m

첫째발 = ☐ m

둘째발 = 두발뛰기 기록 ☐ 첫째발에 뛴 거리

이므로 식은 ☐ 이고

답은 ☐ m 입니다.

식) ________ 답) ______ m

2 반으로 접히는 머리빗이 있습니다. 전체가 10.6cm일때, 빗는 부분이 5.8cm라면, 손잡이 부분은 몇 cm일까요?

풀이) 전체 빗의 길이 = ☐ cm

빗는 부분 = ☐ cm

손잡이 부분의 길이 = 전체 길이 ☐ 빗는 부분

이므로 식은 ☐ 이고

답은 ☐ cm 입니다.

몇 cm인지 물으면 꼭 몇 cm라고 답해야 합니다.

식) ________ 답) ______ cm

3 타자연습을 둘째줄까지 쳐서 23.2초 걸렸습니다. 첫째줄까지 15.8초가 걸렸다면, 둘째줄은 몇 초 걸렸을까요?

(식 2점 답 1점)

풀이)

식) ________ 답) ______ 초

4 내가 문제를 만들어 풀어 봅니다. (소수 1자리수의 뺄셈)

(문제 2점 식 2점 답 1점)

풀이)

식) ________ 답) ______

 이어서 나는 ______ 을(를) 공부/연습할거야!!

확인 (틀린 문제의 수를 적고, 약한 부분을 보충하세요.)

회차	틀린문제수
21 회	문제
22 회	문제
23 회	문제
24 회	문제
25 회	문제

생각해보기

앞에서 배운 5회차 내용이 모두 이해 되었나요?

1. 모두 이해되고 자신있다. → 다음 회로 넘어 갑니다.

2. 2~3문제 틀릴 수는 있겠지만 거의 이해한다.
   → 개념부분을 한번 더 읽고 다음 회로 넘어 갑니다.

3. 잘 모르는 것 같다.
   → 개념부분과 틀린문제를 한번 더 보고 다음 회로 넘어 갑니다.

틀린 문제가 있었다면 왜 틀렸을거라고 생각합니까?

1. 개념 설명이 어려워서 잘 모르겠다. 2. 다 아는데 실수한 것 같다.

3. 빨리 끝내고 싶어서 집중할 수가 없다. 4. 하기 싫어서....

오답노트 (앞에서 틀린 문제나 기억하고 싶은 문제를 적습니다.)

회 번	
문제	풀이

회 번	
문제	풀이

회 번	
문제	풀이

회 번	
문제	풀이

회 번	
문제	풀이

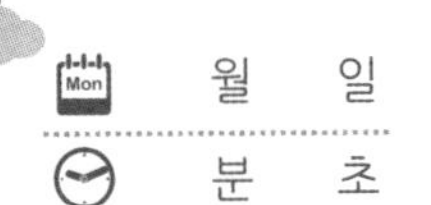

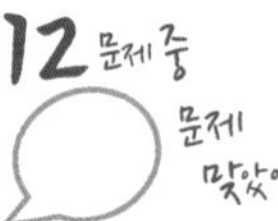

0.53 − 0.19 의 밑으로 계산 (세로셈)

① 0.53 − 0.19를 아래와 같이 적습니다.

	0 . 5	3
−	0 . 1	9

※ 반드시 소수점의 위치를 똑같이 마춰 줍니다.

② 자연수의 뺄셈과 같은 방법으로 계산합니다.

	4	13
	0 . ~~5~~	3
−	0 . 1	9
	3	4

※ 받아내림에 주의하여 계산합니다.

③ 소수점을 그대로 내려 찍습니다.

	4	13
	0 . ~~5~~	3
−	0 . 1	9
	0 . 3	4

※ 소수점을 내릴때 앞에 자연수가 0이면 0을 붙여 줍니다.

0.01이 53개
− 0.01이 19개
0.01이 34개 ➡ 0.34

식을 밑으로 적어서 계산하고, 값을 적으세요.

1 0.25 − 0.16 = ☐

	0 . 2	5
−	0 . 1	6

2 0.81 − 0.12 = ☐

	0 . 8	1
−	0 . 1	2

※ 반드시 앞의 수를 위에 적고 뒤의 수를 밑에 적고, 계산합니다.

3 0.55 − 0.37 = ☐

	0 . 5	5
−	0 . 3	7

※ 소수점의 위치를 같이 마춰 줍니다.

4 0.63 − 0.19 = ☐

	0 . 6	3
−	0 . 1	9

5 0.78 − 0.53 = ☐

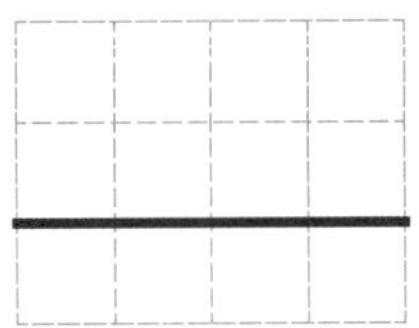

6 0.54 − 0.16 = ☐

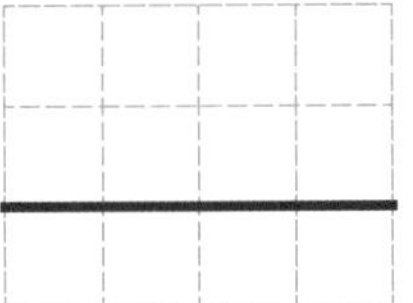

7 0.39 − 0.39 = ☐

8 0.47 − 0.15 = ☐

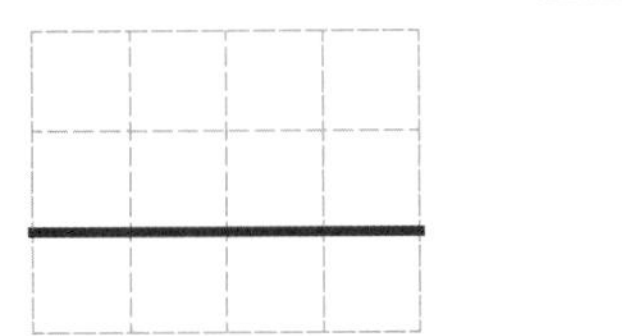

9 0.59 − 0.52 = ☐

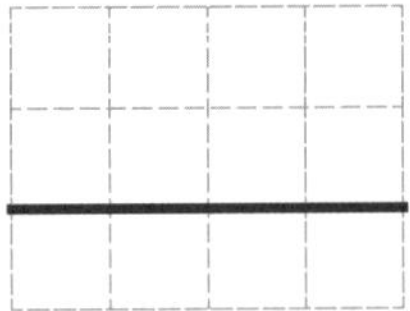

10 0.75 − 0.27 = ☐

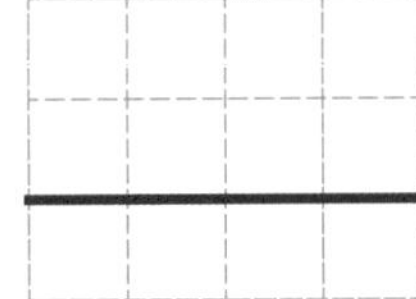

11 0.64 − 0.09 = ☐

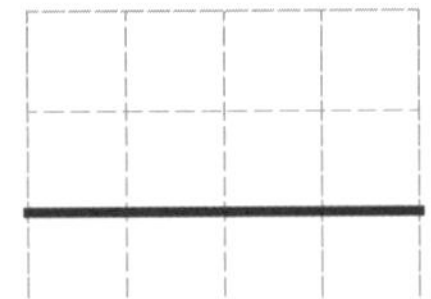

12 0.37 − 0.36 = ☐

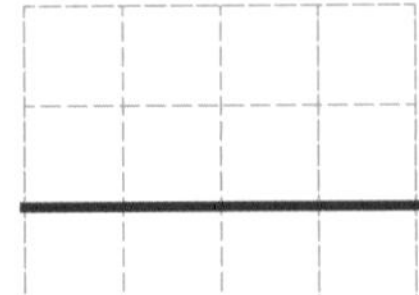

 이어서 나는 ☐ 을(를) 공부/연습할거야!!

27 소수 한자리 수의 뺄셈 (2)

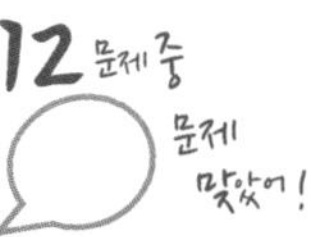

7.52 − 2.69 의 밑으로 계산 (세로셈)

① 7.59 − 2.69를 아래와 같이 적습니다.

	7.	5	2
−	2.	6	9

※ 반드시 소수점의 위치를 똑같이 마춰 줍니다.

② 자연수의 뺄셈과 같은 방법으로 계산합니다.

	6	14	12
	~~7~~.	~~5~~	2
−	2.	6	9
	4	8	3

※ 받아내림에 주의하여 계산합니다.

③ 소수점을 그대로 내려 찍습니다.

	6	14	12
	~~7~~.	~~5~~	2
−	2.	6	9
	4.	8	3

0.01이 752개
− 0.01이 269개
0.01이 483개 ➡ 4.83

식을 밑으로 적어서 계산하고, 값을 적으세요.

1 5.33 − 1.78 = □

	5.	3	3
−	1.	7	8

2 4.34 − 2.67 = □

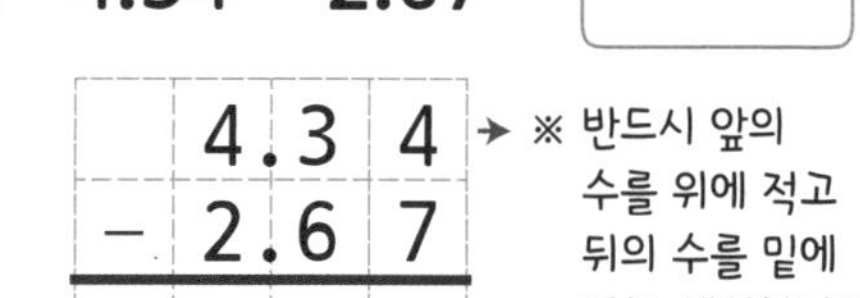

3 8.41 − 0.83 = □

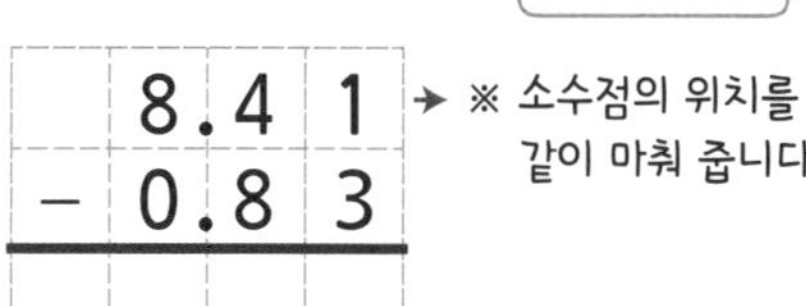

4 6.14 − 2.36 = □

	6.	1	4
−	2.	3	6

5 3.65 − 0.17 = □

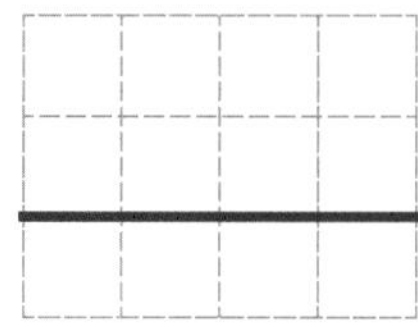

6 4.27 − 3.65 = □

7 7.73 − 5.36 = □

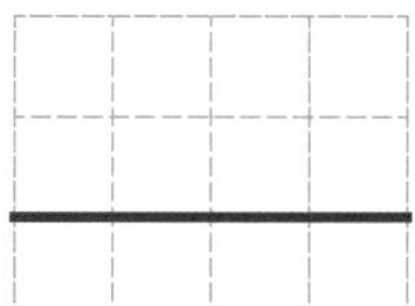

8 8.54 − 6.58 = □

9 4.15 − 0.47 = □

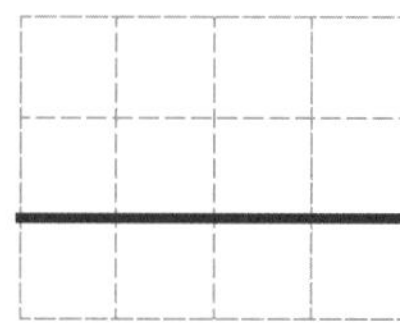

10 6.76 − 2.29 = □

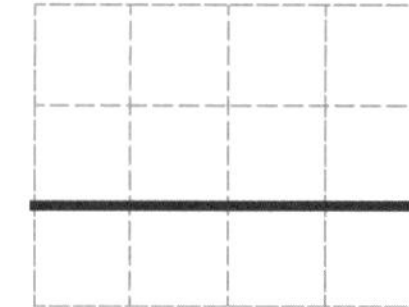

11 3.46 − 0.56 = □

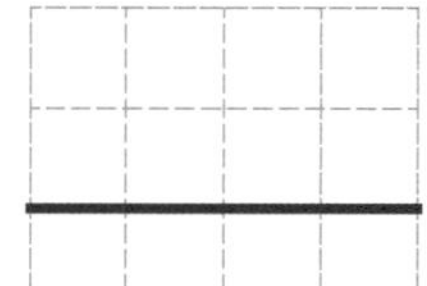

12 5.87 − 4.48 = □

28 소수 세자리 수의 뺄셈 (1)

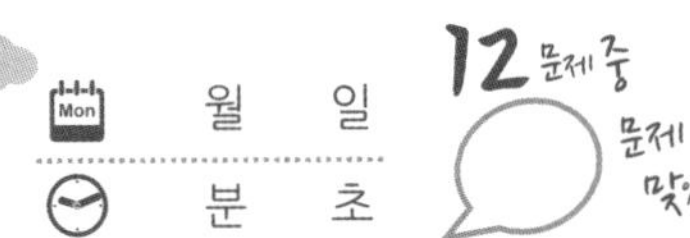

0.524 − 0.139 의 밑으로 계산 (세로셈)

① 0.524 − 0.139 를 아래와 같이 적습니다.

	0	.5	2	4
−	0	.1	3	9

※ 반드시 소수점의 위치를 똑같이 마춰 줍니다.

② 자연수의 뺄셈과 같은 방법으로 계산합니다.

		4	11	14
	0	.5	2	4
−	0	.1	3	9
		3	8	5

※ 받아내림에 주의하여 계산합니다.

③ 소수점을 그대로 내려 찍습니다.

		4	11	14
	0	.5	2	4
−	0	.1	3	9
	0	.3	8	5

※ 소수점을 내릴때 앞에 자연수가 0이면 0을 붙여 줍니다.

0.001이 524개
− 0.001이 139개
0.001이 385개 ➡ 0.385

식을 밑으로 적어서 계산하고, 값을 적으세요.

1 0.307−0.277 =

	0	.3	0	7
−	0	.2	7	7

2 0.428−0.009 =

	0	.4	2	8
−	0	.0	0	9

3 0.628−0.149 =

	0	.6	2	8
−	0	.1	4	9

4 0.213−0.114 =

	0	.2	1	3
−	0	.1	1	4

5 0.484−0.379 =

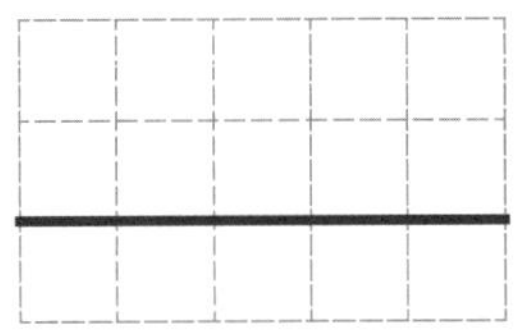

6 0.469−0.166 =

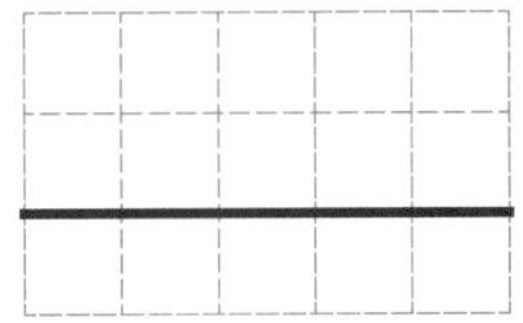

7 0.354−0.275 =

8 0.187−0.023 =

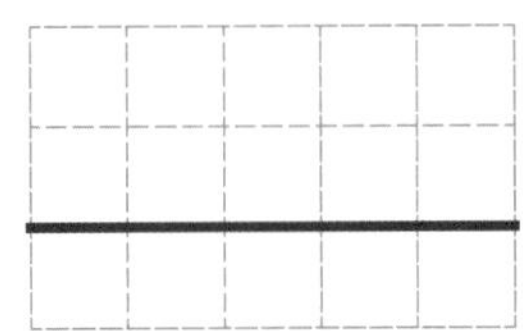

9 0.504−0.207 =

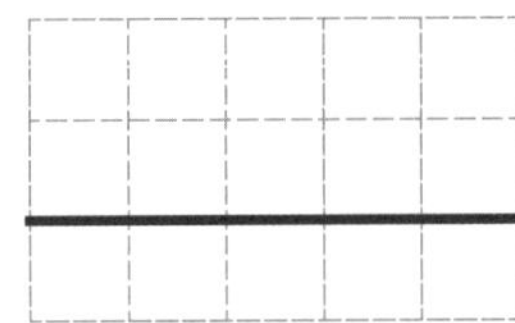

10 0.636−0.195 =

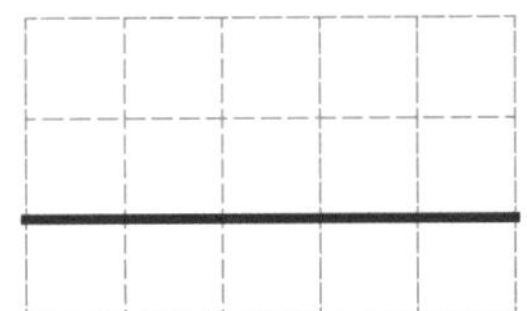

11 0.465−0.095 =

12 0.867−0.463 =

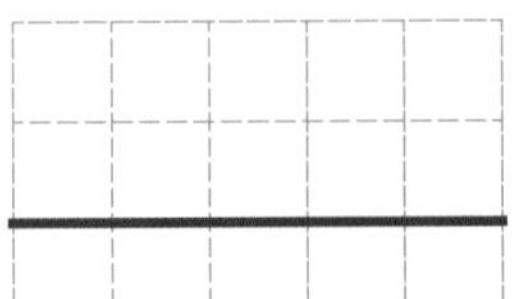

 이어서 나는 ____ 을(를) 공부/연습할거야!!

29 소수 세자리 수의 뺄셈 (2)

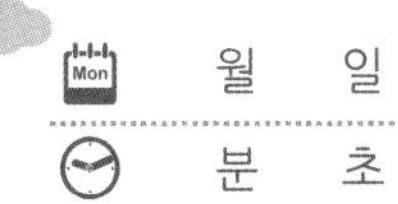

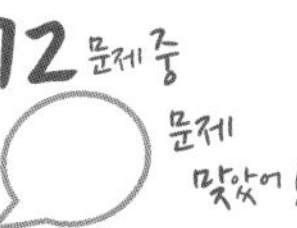

7.132 – 3.519 의 밑으로 계산 (세로셈)

① 7.132 - 3.519 를 아래와 같이 적습니다.

	7.	1	3	2
–	3.	5	1	9

※ 반드시 소수점의 위치를 똑같이 맞춰 줍니다.

② 자연수의 뺄셈과 같은 방법으로 계산합니다.

	6	11	2	10
	~~7~~.	1	~~3~~	2
–	3.	5	1	9
	3	6	1	3

③ 소수점을 그대로 내려 찍습니다.

	6	11	12	10
	~~7~~.	1	~~3~~	2
–	3.	5	1	9
	3.	6	1	3

※ 소수점을 내릴때 앞에 자연수가 0이면 0을 붙여 줍니다.

0.001이 7132개
– 0.001이 3519개
0.001이 3613개 ➡ 3.613

식을 밑으로 적어서 계산하고, 값을 적으세요.

1 5.307–3.277 =

	5.	3	0	7
+	3.	2	7	7

2 2.028–0.409 =

	2.	0	2	8
+	0.	4	0	9

3 7.628–2.149 =

	7.	6	2	8
+	2.	1	4	9

4 4.213–3.114 =

	4.	2	1	3
+	3.	1	1	4

5 8.484–0.379 =

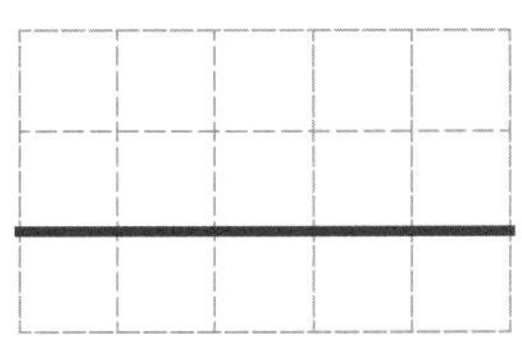

6 6.469–1.166 =

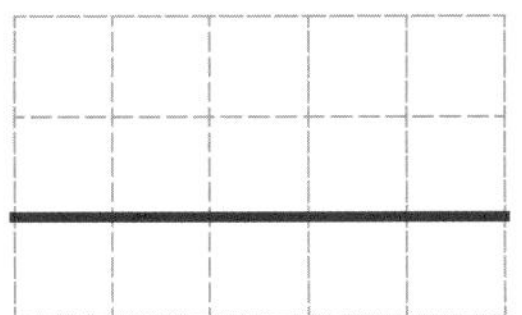

7 5.354–2.275 =

8 3.187–3.023 =

9 4.504–0.207 =

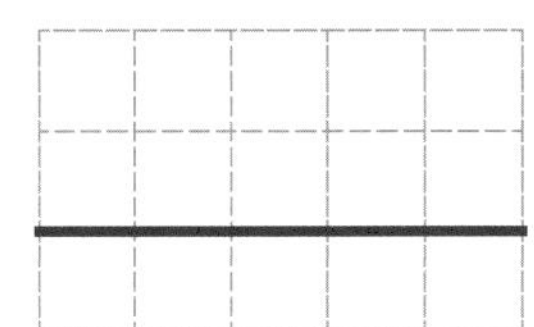

10 1.636–1.195 =

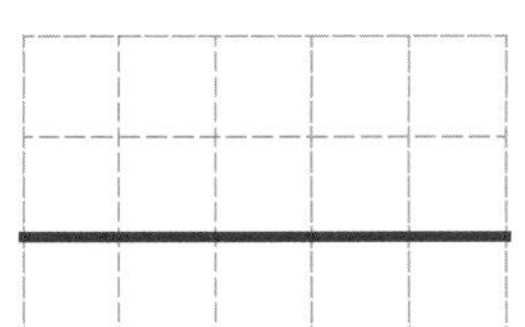

11 6.465–3.095 =

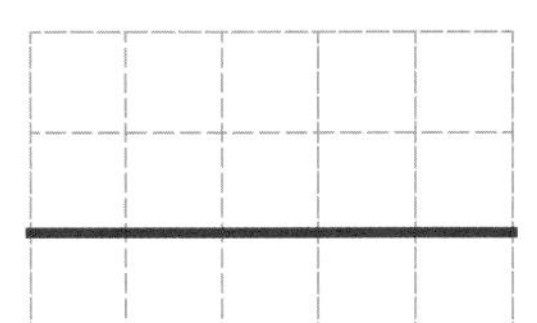

12 5.367–2.463 =

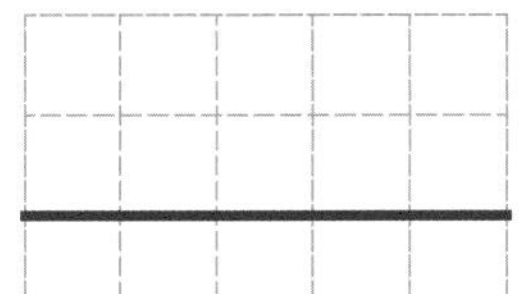

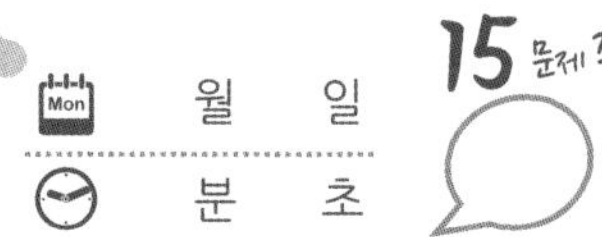

30 소수의 뺄셈 (연습2)

월 일
분 초
15 문제 중 문제 맞았어

소리내 풀기 아래 문제를 계산하여 값을 적으세요.

1 4.42 − 1.85 = ☐

2 9.73 − 5.78 = ☐

3 3.64 − 2.36 = ☐

4 6.12 − 1.06 = ☐

5 8.25 − 5.49 = ☐

6 9.99 − 3.14 = ☐

7 7.32 − 2.65 = ☐

8 5.35 − 1.27 = ☐

9 9.72 − 4.59 = ☐

10 7.63 − 0.71 = ☐

11 8.123 − 1.218 = ☐

12 3.205 − 2.453 = ☐

13 6.291 − 5.039 = ☐

14 7.005 − 4.017 = ☐

15 9.322 − 3.176 = ☐

이어서 나는 ☐ 을(를) 공부/연습할거야!!

확인 (틀린 문제의 수를 적고, 약한 부분을 보충하세요.)

회차	틀린문제수
26 회	문제
27 회	문제
28 회	문제
29 회	문제
30 회	문제

생각해보기

앞에서 배운 5회차 내용이 모두 이해 되었나요?

1. 모두 이해되고 자신있다. → 다음 회로 넘어 갑니다.

2. 2~3문제 틀릴 수는 있겠지만 거의 이해한다.
   → 개념부분을 한번 더 읽고 다음 회로 넘어 갑니다.

3. 잘 모르는 것 같다.
   → 개념부분과 틀린문제를 한번 더 보고 다음 회로 넘어 갑니다.

틀린 문제가 있었다면 왜 틀렸을거라고 생각합니까?

1. 개념 설명이 어려워서 잘 모르겠다. 2. 다 아는데 실수한 것 같다.

3. 빨리 끝내고 싶어서 집중할 수가 없다. 4. 하기 싫어서....

오답노트 (앞에서 틀린 문제나 기억하고 싶은 문제를 적습니다.)

회 번	
문제	풀이

회 번	
문제	풀이

회 번	
문제	풀이

회 번	
문제	풀이

회 번	
문제	풀이

31 자리수가 다른 소수의 뺄셈

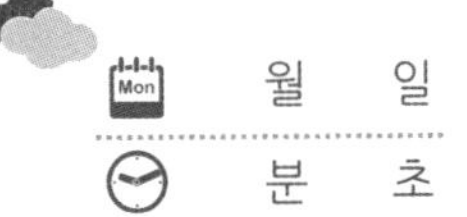

소리내 읽기

7.1 – 3.519 의 밑으로 계산 (세로셈) – 소수점의 위치를 똑같이 맞춰 계산합니다.

① 7.1 – 3.519 를 아래와 같이 적습니다.

	7.	1	0	0
–	3.	5	1	9

※ 반드시 소수점의 위치를 똑같이 마춰 줍니다.

② 자연수의 뺄셈과 같은 방법으로 계산합니다.

	6	10	9	10
	7.	1	0	0
–	3.	5	1	9
	3	5	8	1

③ 소수점을 그대로 내려 찍습니다.

	6	10	9	10
	7.	1	0	0
–	3.	5	1	9
	3.	5	8	1

※ 소수점을 내릴때 앞에 자연수가 0이면 0을 붙여 줍니다.

0.001이 7100개
– 0.001이 3519개
0.001이 3581개 ➡ 3.581

소리내 풀기

식을 밑으로 적어서 계산하고, 값을 적으세요.

1 8.10 – 2.64 =

		8.	1	0
–		2.	6	4

※ 반드시 소수점의 위치를 똑같이 마춰 줍니다.

2 6.06 – 1.20 =

		6.	0	6
–		1.	2	0

3 9.300 – 5.908 =

	9.	3	0	0
–	5.	9	0	8

4 5.377 – 4.400 =

	5.	3	7	7
–	4.	4	0	0

5 3.550 – 2.057 =

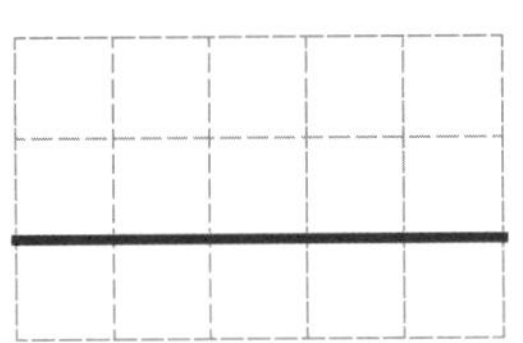

6 4.620 – 0.279 =

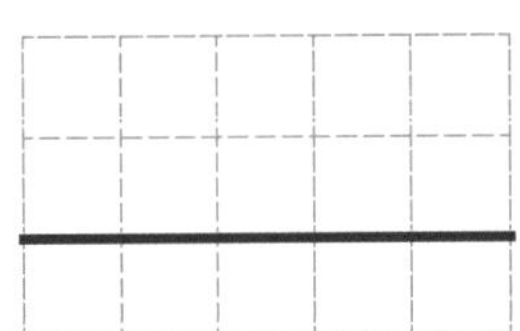

7 5.977 – 1.640 =

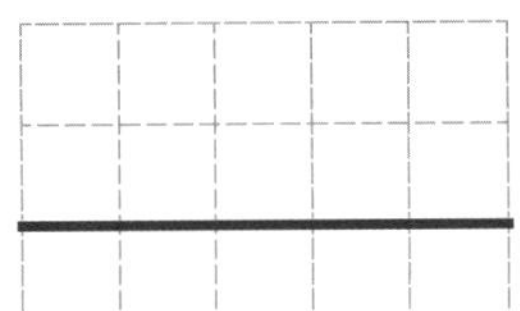

8 7.058 – 3.680 =

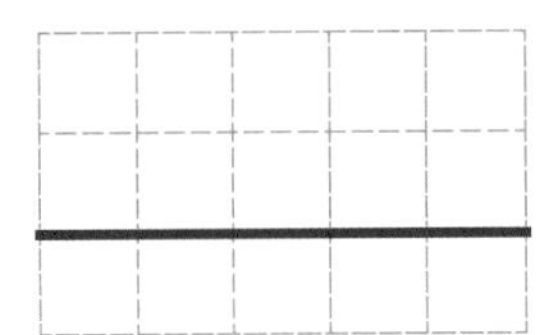

9 9.00 – 7.33 =

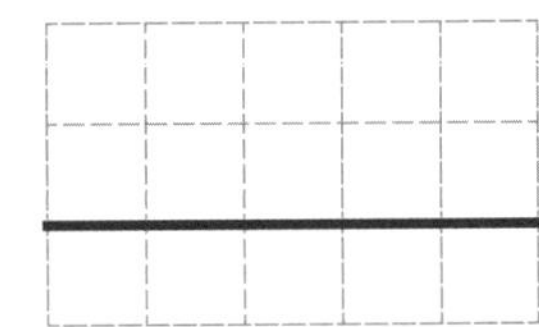

10 8.98 – 3.00 =

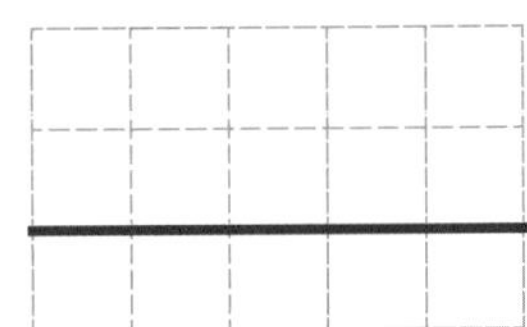

11 7.000 – 0.603 =

12 5.091 – 2.000 =

 이어서 나는 ______ 을(를) 공부/연습할거야!!

32 소수의 뺄셈 (연습3)

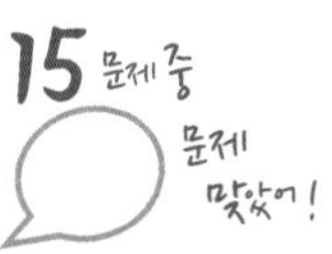

아래 문제를 계산하여 값을 적으세요.

1 $6.24 - 1.6 =$

2 $4.26 - 0.5 =$

3 $8.64 - 4.7 =$

4 $1.7 - 1.46 =$

5 $4.2 - 2.87 =$

6 $8.184 - 0.4 =$

7 $5.063 - 3.2 =$

8 $4.539 - 3.9 =$

9 $3.1 - 2.815 =$

10 $9.9 - 3.769 =$

11 $6.274 - 4.63 =$

12 $3.82 - 1.408 =$

13 $9.38 - 6.684 =$

14 $5 - 3.058 =$

15 $8 - 7.891 =$

이어서 나는 [ ] 을(를) 공부/연습할거야!!

33 소수의 뺄셈 (연습4)

아래 문제를 계산하여 값을 적으세요.

1 $4.9-3.61=$

2 $5.4-0.75=$

3 $2.6-1.87=$

4 $3.3-2.978=$

5 $5.1-2.573=$

6 $3.84-3.513=$

7 $4.39-1.866=$

8 $6.56-2.916=$

9 $3.315-2.83=$

10 $5.895-1.05=$

11 $6.23-2=$

12 $8.819-1.2=$

13 $7.68-7.106=$

14 $8-7.957=$

15 $9-8.809=$

34 소수의 뺄셈 (연습5)

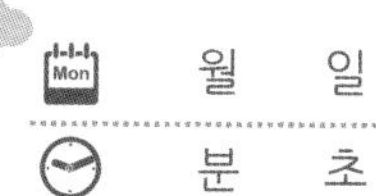

월 일
분 초

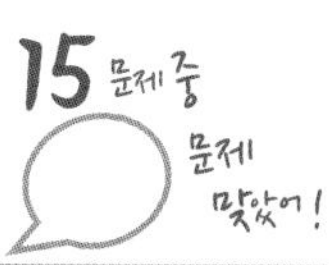

아래 문제를 계산하여 값을 적으세요.

1 3.6−2.41 =

2 5.8−1.34 =

3 8.2−0.82 =

4 6.6−2.756 =

5 7.4−6.908 =

6 5.66−3.733 =

7 7.56−2.581 =

8 8.08−0.343 =

9 9.105−1.26 =

10 8.325−0.04 =

11 7.36−6 =

12 5.855−0.9 =

13 8.796−4.38 =

14 6−3.914 =

15 7−5.698 =

35 소수의 뺄셈 (생각문제2)

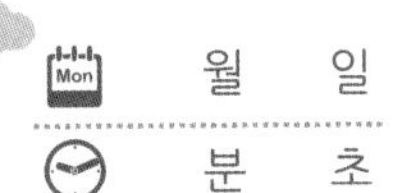

월 일
분 초

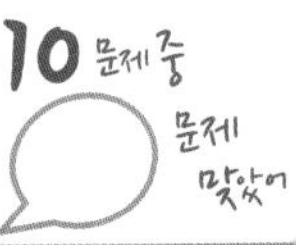

10 문제 중 문제 맞았어

문제) 노란색 테이프와 빨간색 테이프 1.25m를 겹치지 않게 붙여서 3.16m가 나왔습니다. 노란색 테이프는 몇 m 일까요?

풀이) 전체길이 = 3.16 m 빨간색 = 1.25 m

노란색 테이프 = 전체 길이 – 빨간색 테이프 이므로

식은 3.16−1.25이고 값은 1.91 입니다.

따라서 매실차 1.91 m 만들었습니다.

? m	1.25m
노란색	빨간색
전체 3.16 m	

식) 3.16−1.25 답) 1.91 m

아래의 문제를 풀어보세요.

1 집에서 학교까지 0.73km입니다. 집에서 편의점까지는 0.65km일때, 편의점에서 학교까지는 몇 km일까요?

(꼭 편의점을 거쳐서 학교를 가야합니다.)

풀이) 전체 거리 = ☐ km

편의점 거리 = ☐ km

편의점에서 집까지 거리 = 전체 거리 ☐ 편의점 거리

이므로 식은 ☐ 이고

답은 ☐ km 입니다.

식) ________ 답) ______ km

2 무게가 1.07kg인 가방 안에 무게가 0.19kg인 책을 꺼냈다면, 가방은 몇 kg이 됬을까요?

풀이) 처음 가방의 무게 = ☐ kg

책의 무게 = ☐ kg

현재 가방의 무게 = 처음 가방의 무게 ☐ 책의 무게

이므로 식은 ☐ 이고

답은 ☐ kg 입니다.

식) ________ 답) ______ kg

3 수영장의 반대편까지 갔다오는데 41.76초가 걸렸습니다. 가는데 19.69초가 걸렸다면, 오는데는 몇 초 걸렸을까요?

(식 2점 답 1점)

풀이)

식) ________ 답) ______ 초

4 내가 문제를 만들어 풀어 봅니다. (소수 2자리수의 뺄셈)

(문제 2점 식 2점 답 1점)

풀이)

식) ________ 답) ______

확인 (틀린 문제의 수를 적고, 약한 부분을 보충하세요.)

회차	틀린문제수
31 회	문제
32 회	문제
33 회	문제
34 회	문제
35 회	문제

생각해보기

앞에서 배운 5회차 내용이 모두 이해 되었나요?

1. 모두 이해되고 자신있다. → 다음 회로 넘어 갑니다.

2. 2~3문제 틀릴 수는 있겠지만 거의 이해한다.
   → 개념부분을 한번 더 읽고 다음 회로 넘어 갑니다.

3. 잘 모르는 것 같다.
   → 개념부분과 틀린문제를 한번 더 보고 다음 회로 넘어 갑니다.

틀린 문제가 있었다면 왜 틀렸을거라고 생각합니까?

1. 개념 설명이 어려워서 잘 모르겠다. 2. 다 아는데 실수한 것 같다.

3. 빨리 끝내고 싶어서 집중할 수가 없다. 4. 하기 싫어서....

오답노트 (앞에서 틀린 문제나 기억하고 싶은 문제를 적습니다.)

회 번	
문제	풀이

회 번	
문제	풀이

회 번	
문제	풀이

회 번	
문제	풀이

회 번	
문제	풀이

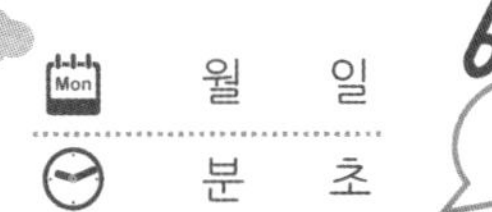

월 일 / 분 초

6 문제 중 문제 맞았어

6.2 − 4.56 + 5.729 의 밑으로 계산 (세로셈) − 앞에서 부터 계산합니다. (자연수의 계산 순서와 같습니다.)

① 6.2 − 4.56을 먼저 계산합니다.

		6.	2	0
−		4.	5	6
		1.	6	4

※ 자연수의 계산과 같이 앞에서 부터 계산합니다.

② 앞의 계산한 값을 소수점을 맞춰 계산합니다.

	1.	6	4	0
+	5.	7	2	9
	7.	3	6	9

※ 반드시 소수점의 위치를 똑같이 마춰 줍니다.

	6.	2	0	0
−	4.	5	6	0
	1.	6	4	0
+	5.	7	2	9
	7.	3	6	9

※ 앞에서 부터 계산한 값에 소수점을 맞춰 바로 밑으로 계산하는 것이 빠릅니다.

식을 밑으로 적어서 계산하고, 값을 적으세요.

1 8.100 − 2.64 − 1.942 =

	8.	1	0	0
−	2.	6	4	0

−	1.	9	4	2

2 6.060 − 1.200 − 4.246 =

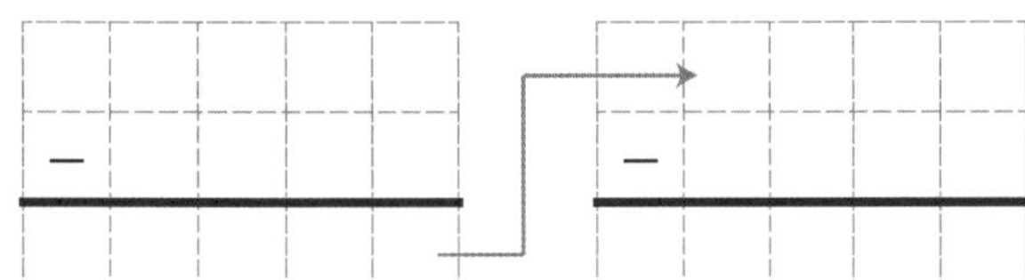

3 9.300 − 5.980 − 2.641 =

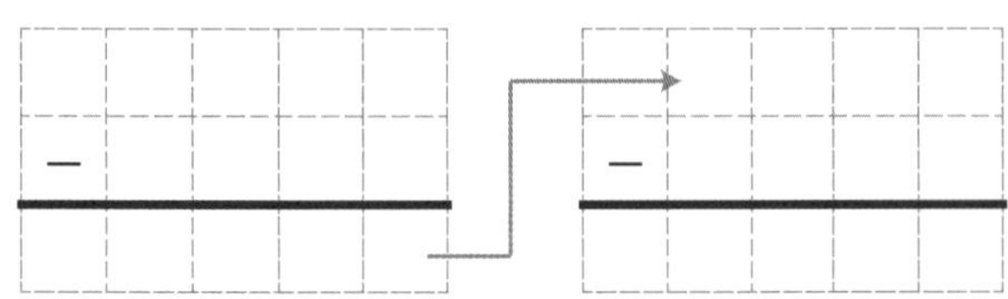

4 3.5 − 1.057 − 0.88 =

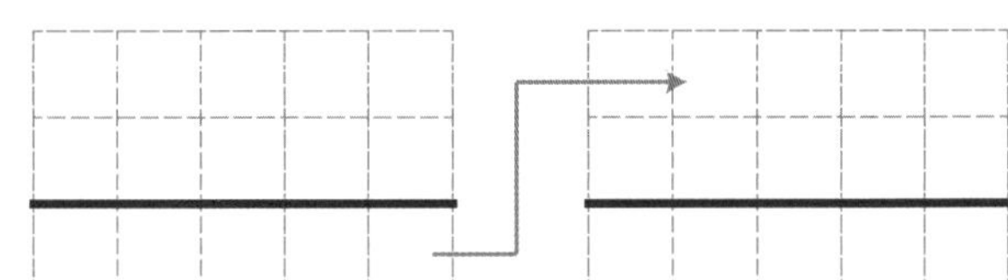

5 4.62 − 0.279 − 1.9 =

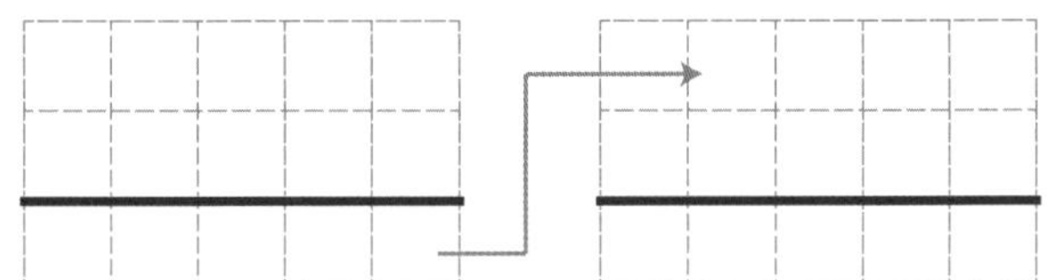

6 5.977 − 2.4 − 1.64 =

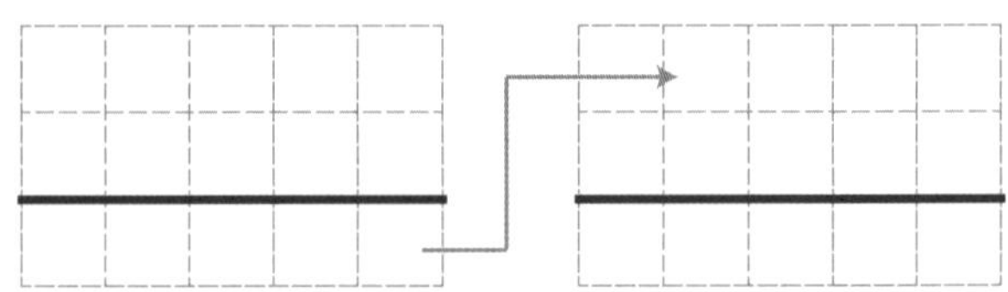

이어서 나는 ( ) 을(를) 공부/연습할거야!!

37 소수의 3개의 계산 (연습1)

월 일
분 초

아래 문제를 계산하여 값을 적으세요.

1 1.6+2.41+0.351 =

		1.	6	0
+		2.	4	1

+	0.	3	5	1

2 5.8+1.34+2.774 =

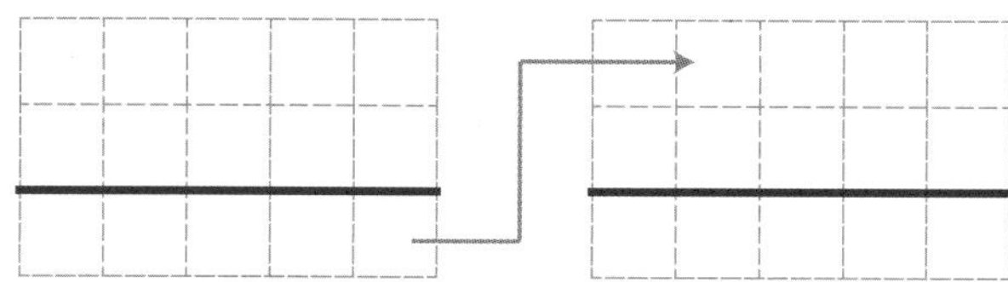

3 8.2+0.82−1.246 =

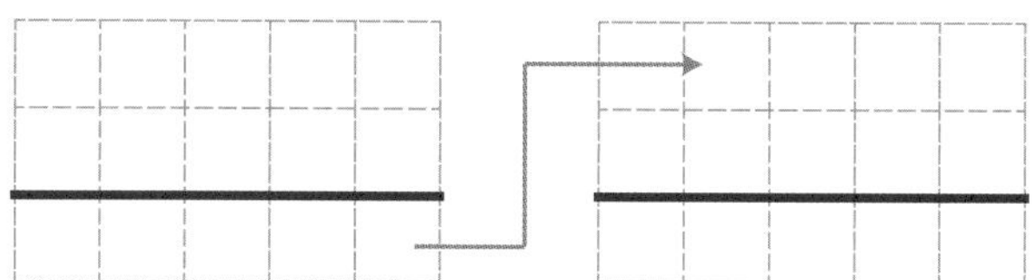

4 6.6+2.756−5.377 =

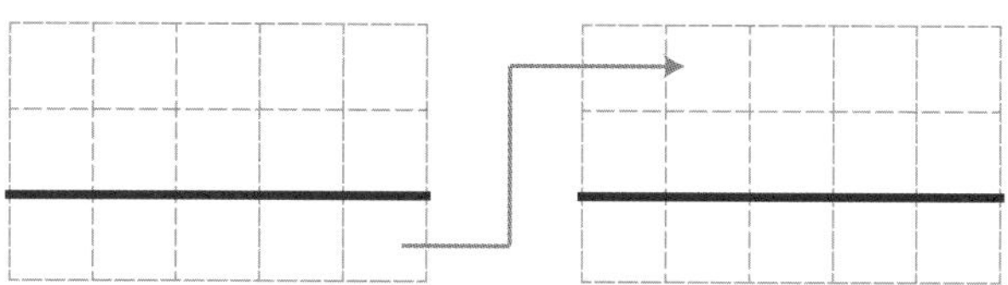

5 5.66+5.66−3.733 =

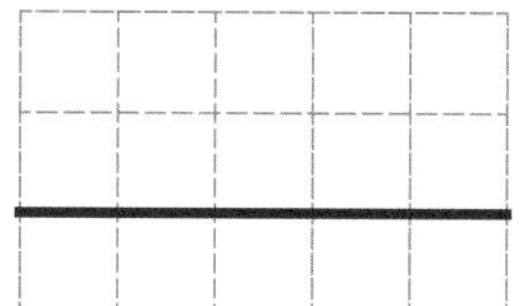

6 1.63+7.56−2.581 =

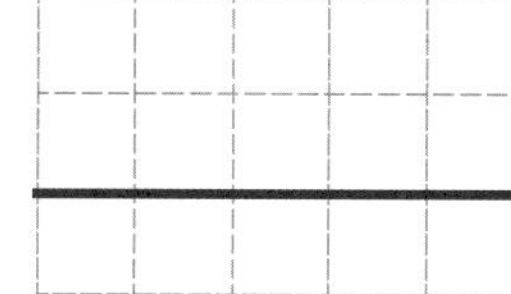
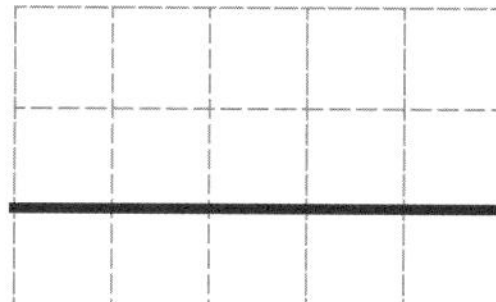

7 9.01−1.08−0.343 =

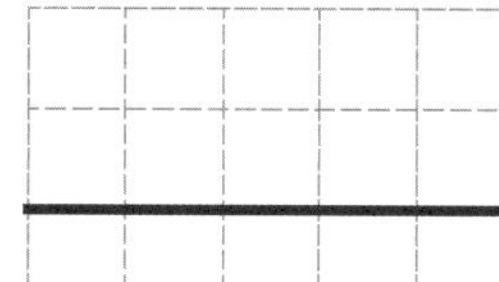
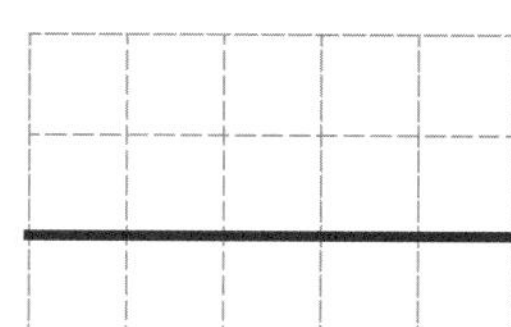

8 5.66−1.105−4.26 =

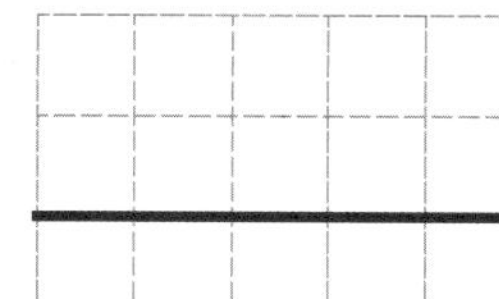

38 소수의 3개의 계산 (연습2)

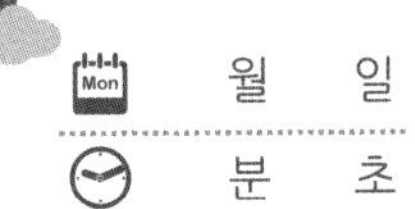

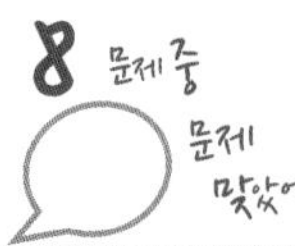

아래 문제를 계산하여 값을 적으세요.

1 5.3+1.63+0.728 =

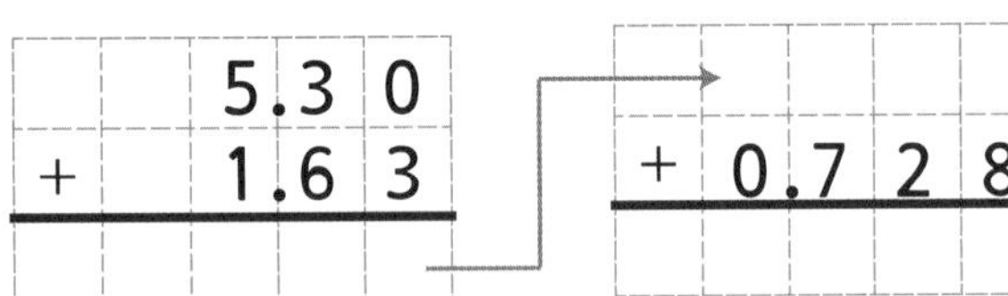

2 0.7+6.07+1.029 =

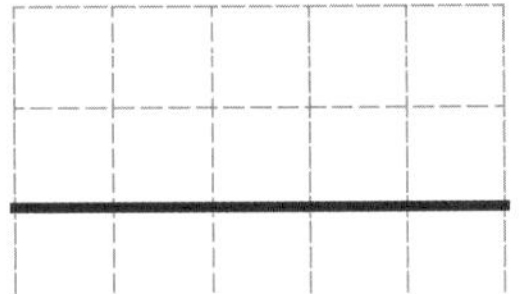
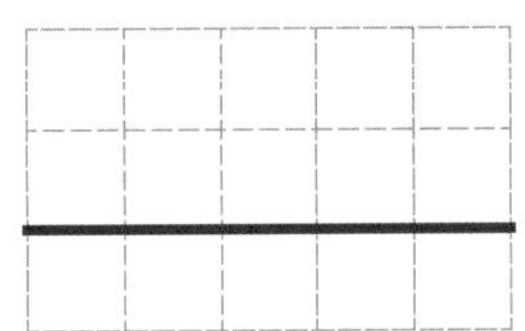

3 3.6+2.73−1.681 =

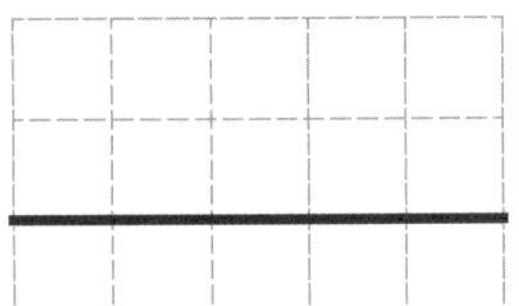
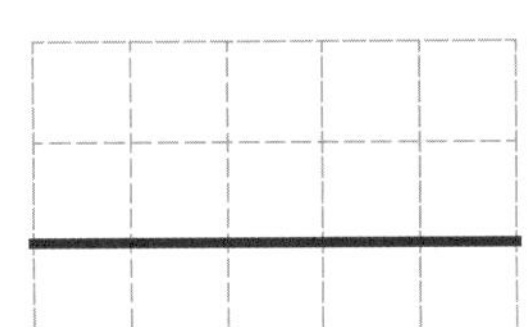

4 2.9+4.407−0.637 =

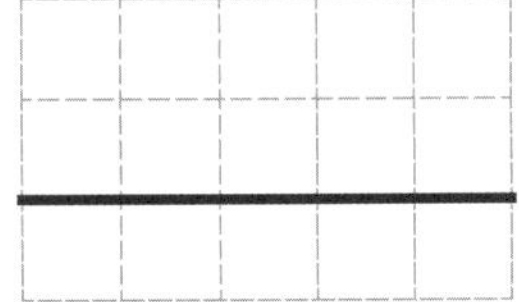
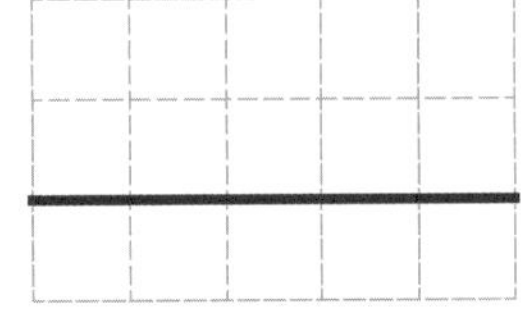

5 8.12+3.23−7.086 =

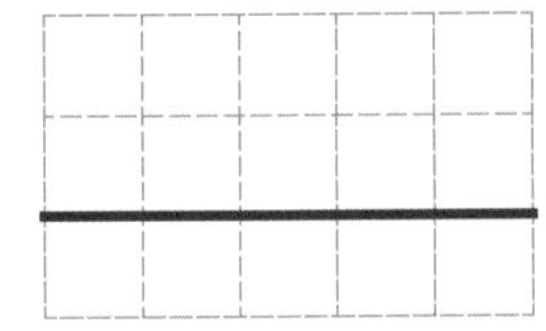

6 1.77+6.09−4.819 =

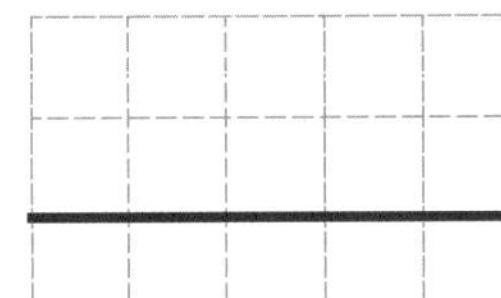
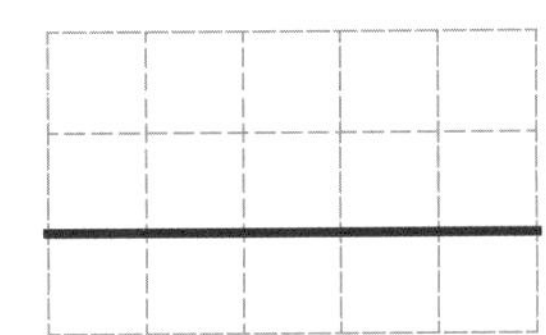

7 5.12−0.307−2.63 =

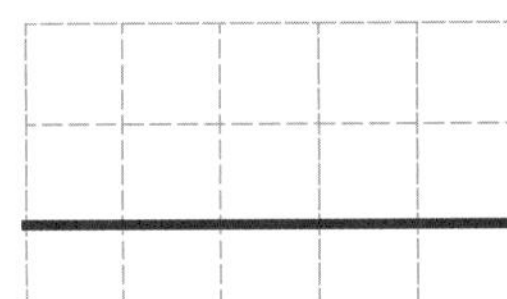
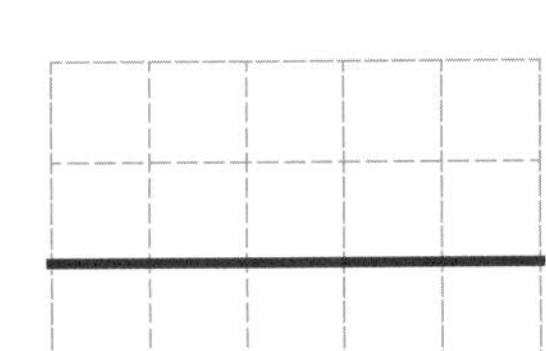

8 7.03−4.123−1.329 =

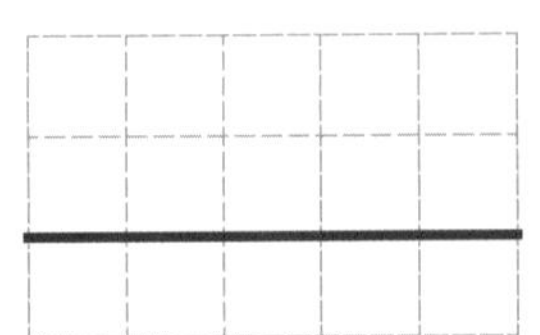

 이어서 나는 ______ 을(를) 공부/연습할거야!!

39 소수의 3개의 계산 (연습3)

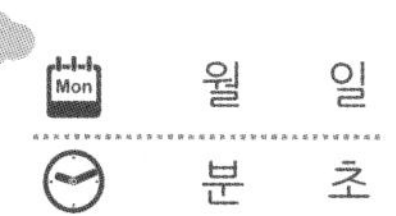

아래 문제를 계산하여 값을 적으세요.

1 1.026 + 0.31 + 3.4 =

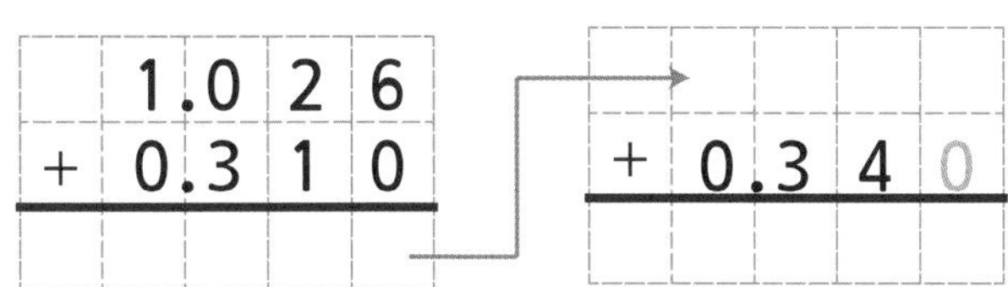

2 2.184 + 3.8 + 4.18 =

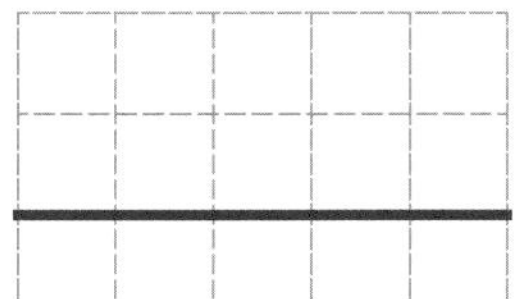

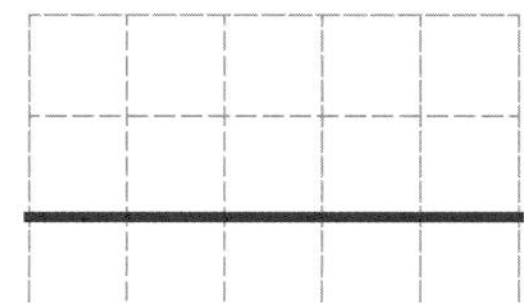

3 5.529 + 1.92 − 5.763 =

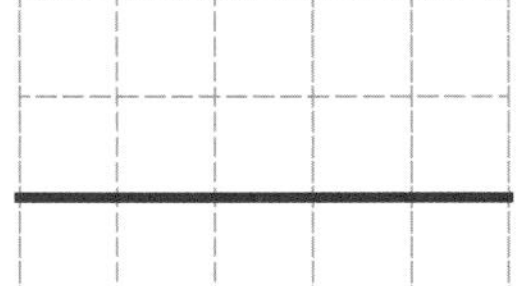

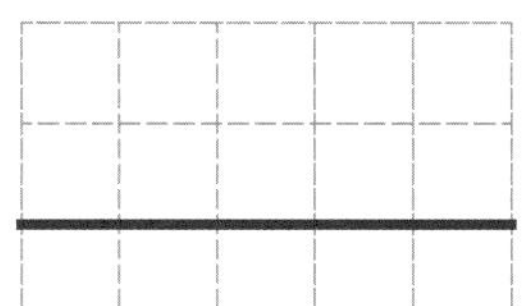

4 0.8 + 5.489 − 1.7 =

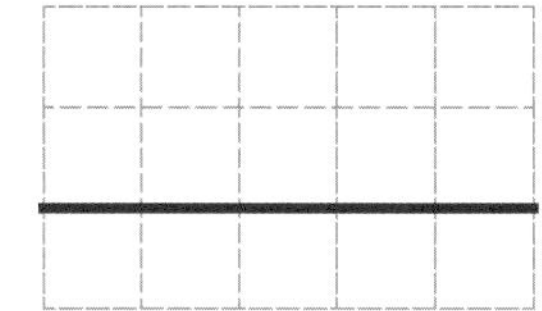

5 7.12 − 3 + 5.375 =

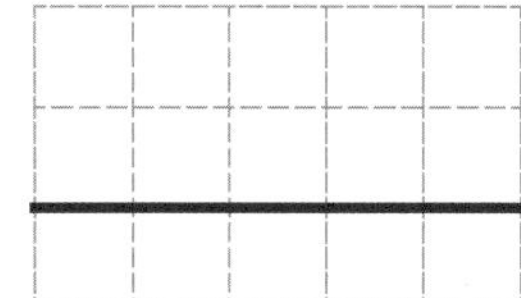

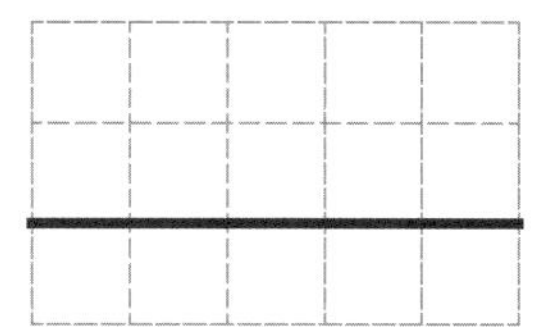

6 9.52 − 2.925 + 3.3 =

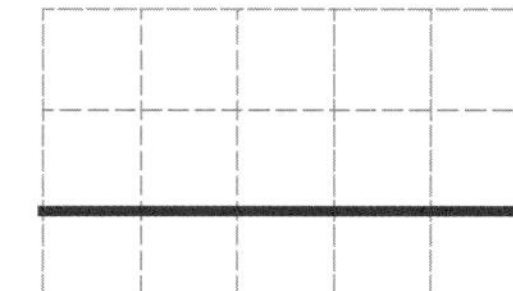

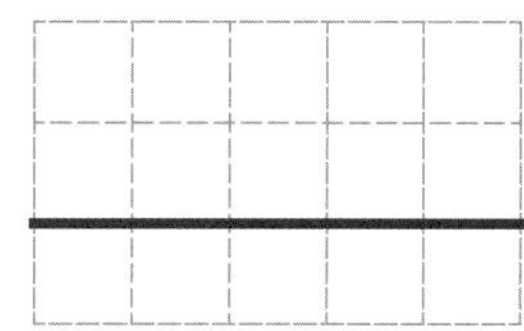

7 4.466 − 0.1 − 3.67 =

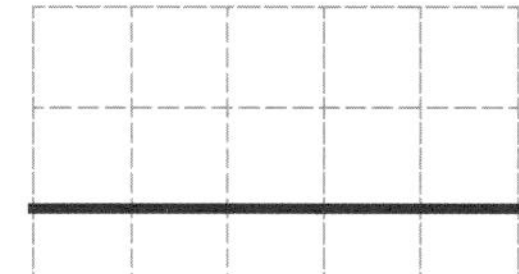

8 5.17 − 1.082 − 3.9 =

40 소수의 3개의 계산 (생각문제)

문제) 매실원액 **0.8**리터와 생수 **1.6**리터를 썩어 매실차를 만들어서, **0.5**리터를 먹었습니다. 남은 매실차는 몇 리터 일까요?

풀이) 매실원액 = **0.8** 리터　생수 = **1.6** 리터　먹은 양 = **0.5** 리터

남은 매실차 = 매실원액 + 생수 − 먹은 양 이므로

식은 **0.8+1.6−0.5**이고 값은 **1.9** 입니다.

따라서 매실차는 **1.9** 리터 남았습니다.

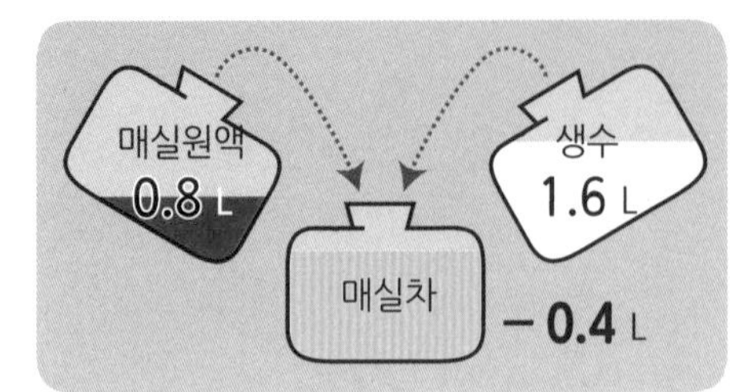

식) **0.8+1.6−0.5**　답) **1.9** 리터

아래의 문제를 풀어보세요.

1 세발뛰기를 하였습니다. 첫째발에 **2.1**m, 둘째발에 **1.5**m, 세째발에 **1.9**m를 뛰었다면, 모두 몇 m를 뛴 것일까요?

풀이) 첫째발 = [ ] m　둘째발 = [ ] m

세째발 = [ ] m

두발뛰기 = 첫째발 [ ] 둘째발 [ ] 세째발에

뛴 거리이므로 식은 [ ] 이고

답은 [ ] m 입니다.

식) ______　답) ______ m

2 무게가 **1.26**kg인 가방 안에 무게가 **0.39**kg인 사전과 **0.18**kg인 필통을 꺼냈다면, 가방은 몇 kg이 됬을까요?

풀이) 처음 가방 무게 = [ ] kg

사전 무게 = [ ] kg,　필통 무게 = [ ] m

현재 가방 무게 = 처음 가방무게 [ ] 사전무게 [ ]

필통 무게 이므로 식은 [ ] 이고

답은 [ ] kg 입니다.

식) ______　답) ______ kg

3 길이가 **0.66**m인 테이프 **2**개를 **0.09**m씩 겹쳐서 붙였습니다. 붙인 테이프의 전체 길이는 몇 m 일까요? (식 2점 답 1점)

풀이)

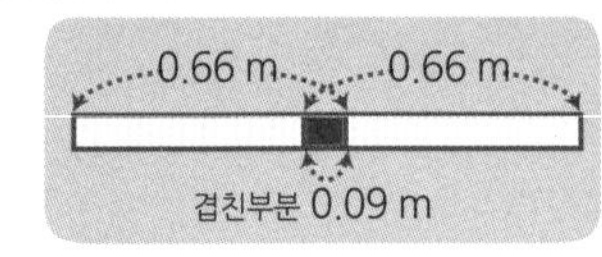

식) ______　답) ______ m

4 내가 문제를 만들어 풀어 봅니다. (수 3개의 계산)

풀이) (문제 2점 식 2점 답 1점)

식) ______　답) ______

이어서 나는 [ ] 을(를) 공부/연습할거야!!

확인 (틀린 문제의 수를 적고, 약한 부분을 보충하세요.)

회차	틀린문제수
36 회	문제
37 회	문제
38 회	문제
39 회	문제
40 회	문제

생각해보기

앞에서 배운 5회차 내용이 모두 이해 되었나요?

1. 모두 이해되고 자신있다. → 다음 회로 넘어 갑니다.

2. 2~3문제 틀릴 수는 있겠지만 거의 이해한다.
   → 개념부분을 한번 더 읽고 다음 회로 넘어 갑니다.

3. 잘 모르는 것 같다.
   → 개념부분과 틀린문제를 한번 더 보고 다음 회로 넘어 갑니다.

틀린 문제가 있었다면 왜 틀렸을거라고 생각합니까?

1. 개념 설명이 어려워서 잘 모르겠다. 2. 다 아는데 실수한 것 같다.

3. 빨리 끝내고 싶어서 집중할 수가 없다. 4. 하기 싫어서....

오답노트 (앞에서 틀린 문제나 기억하고 싶은 문제를 적습니다.)

회 번	
문제	풀이

회 번	
문제	풀이

회 번	
문제	풀이

회 번	
문제	풀이

회 번	
문제	풀이

월 일 / 분 초

12 문제 중 ( ) 문제 맞았어!

아래 문제를 풀어서 값을 빈칸에 적으세요.

1

+1.43

5.7 → ☐

5.7+1.43 의 값을 적으세요.

2

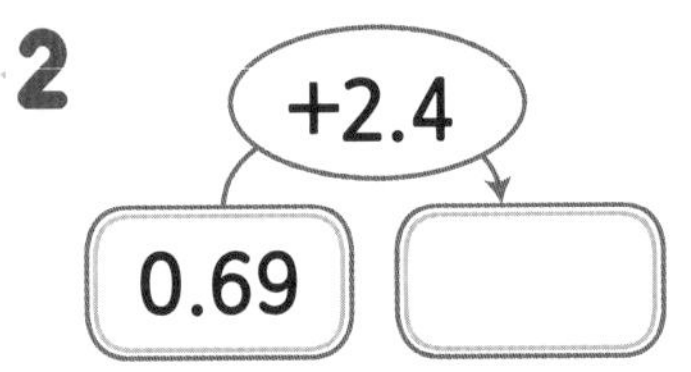

3

+0.901

1.109 → ☐

4

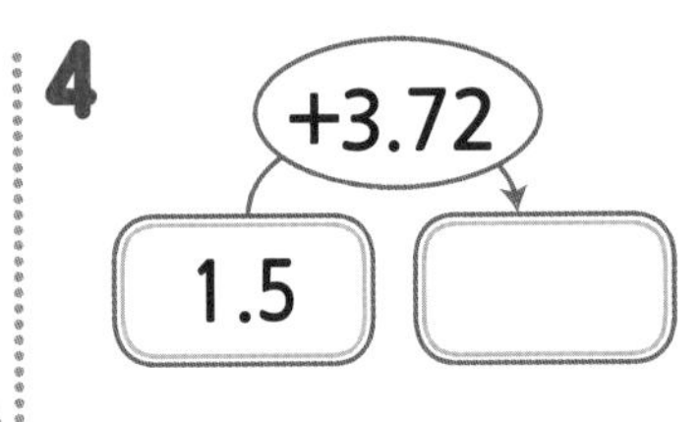

5

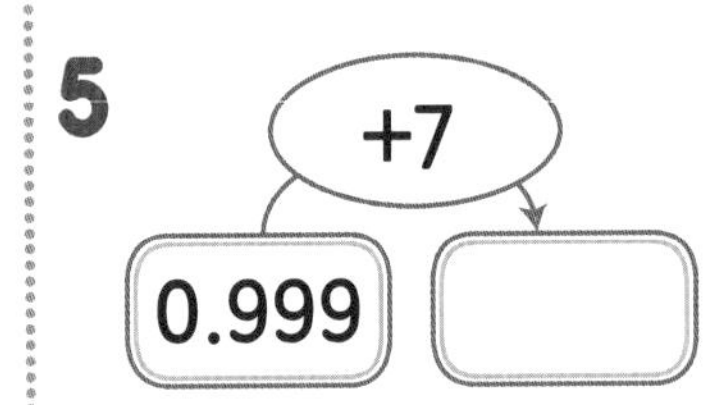

6

+5.08

4.36 → ☐

7

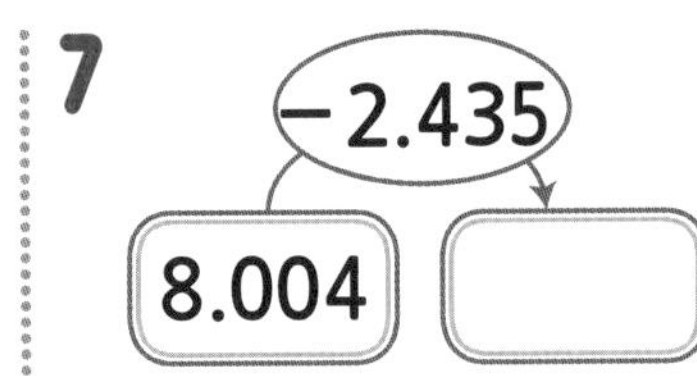

8

−1.8

6.427 → ☐

9

−4.621

7.123 → ☐

10

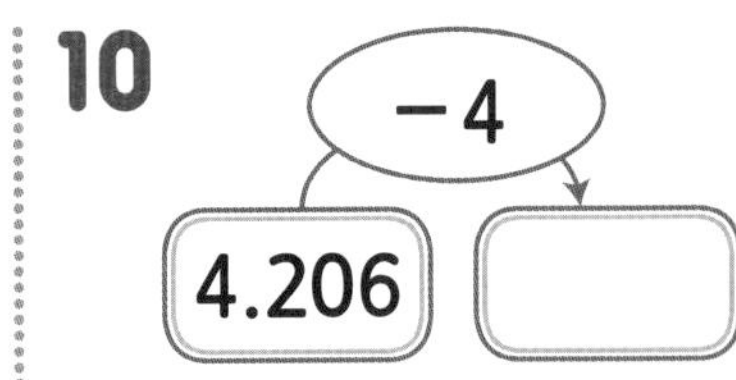

11

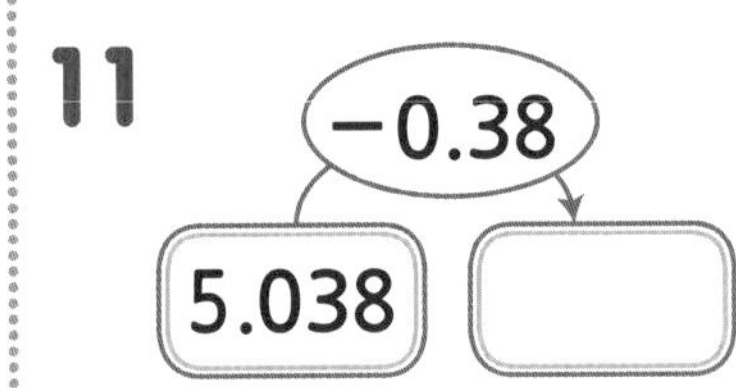

12

−3.706

9.076 → ☐

이어서 나는 ☐ 을(를) 공부/연습할거야!!

42 소수의 계산 (연습2)

위의 숫자가 아래의 통에 들어가면 나오는 수를 계산해서 ▢에 적으세요.

1 3.43 → +0.946 → ▢

3.43 + 0.946의 값을 적으세요.

2 1.8 → +5.14 → ▢

3 5.431 → +3.3 → ▢

4 4.421 → +1.9 → ▢

5 2.4 → +3.347 → ▢

6 0.41 → +2.58 → ▢

7 5.4 → −0.71 → ▢

8 7.411 → −5.6 → ▢

9 6.41 → −1.453 → ▢

10 9 → −2.655 → ▢

11 4.41 → −1.46 → ▢

12 1.41 → −0.8 → ▢

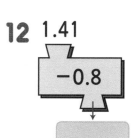

이어서 나는 ▢ 을(를) 공부/연습할거야!!

43 소수의 계산 (연습3)

소리내 풀기 아래 문제를 풀어서 값을 빈칸에 적으세요.

1

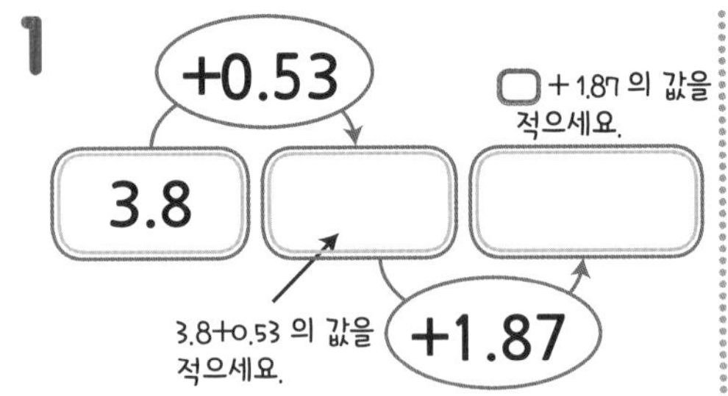

4

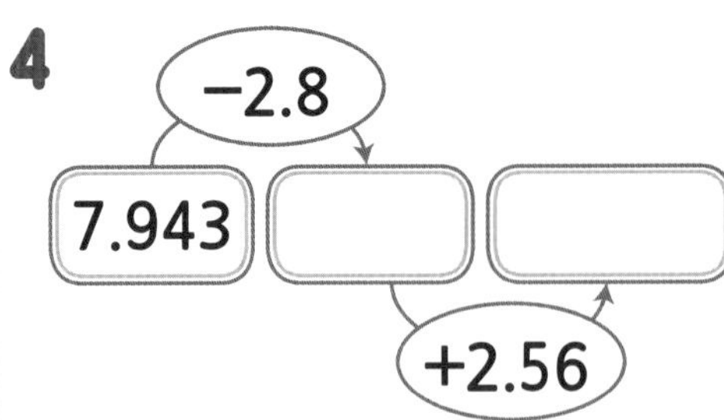

7

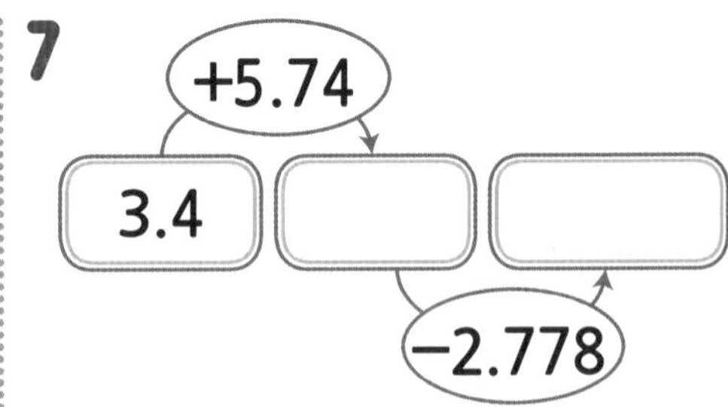

2

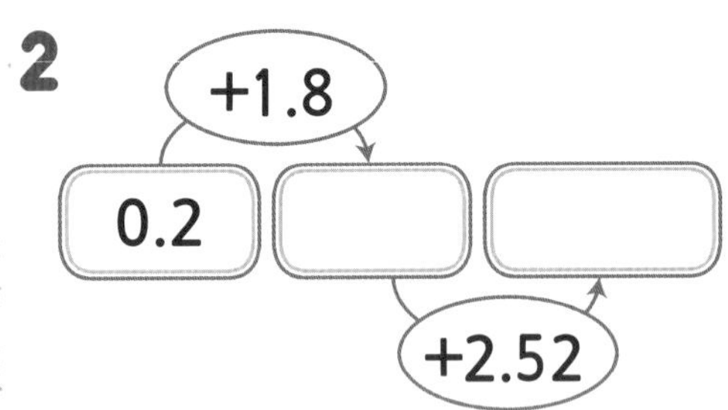

5

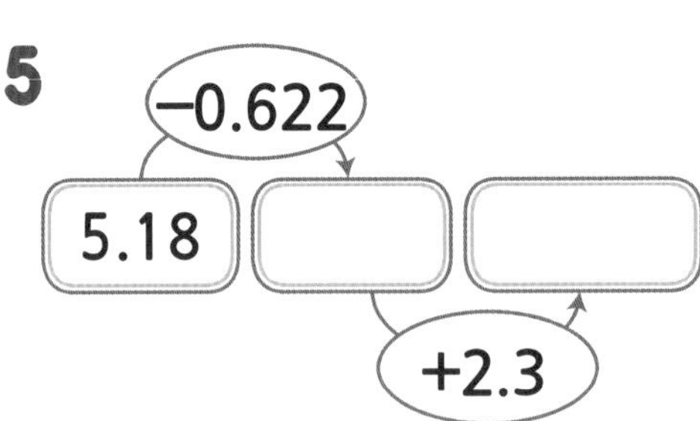

8

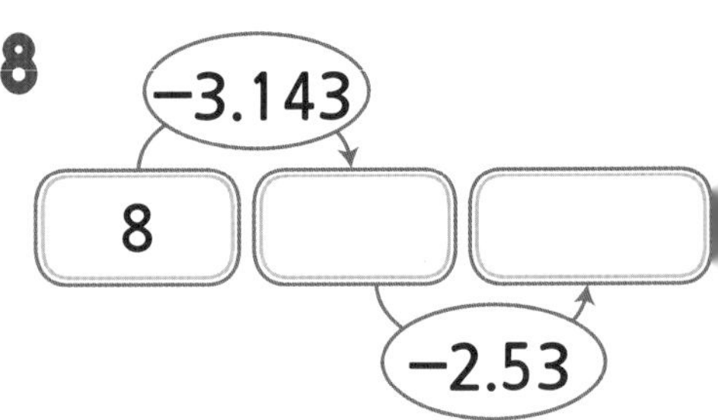

3

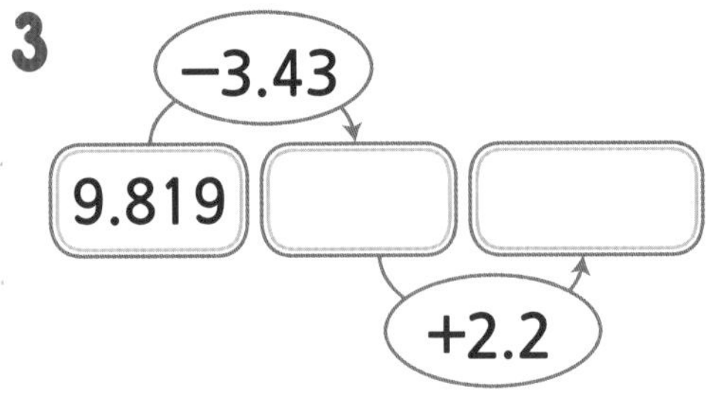

6

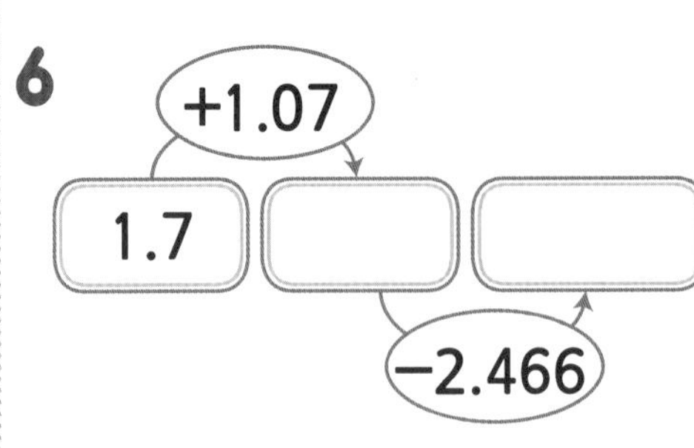

9

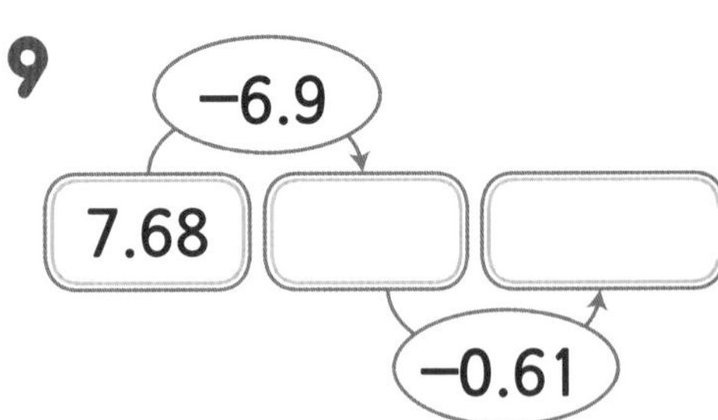

위의 숫자가 아래의 통에 들어가면 나오는 수를 계산해서 ▢에 적으세요.

1
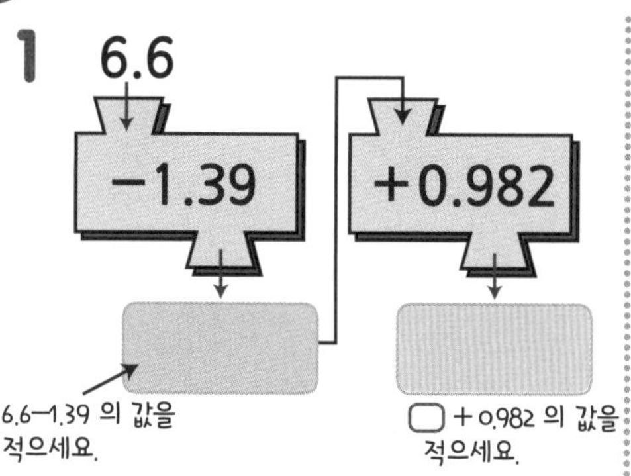

4
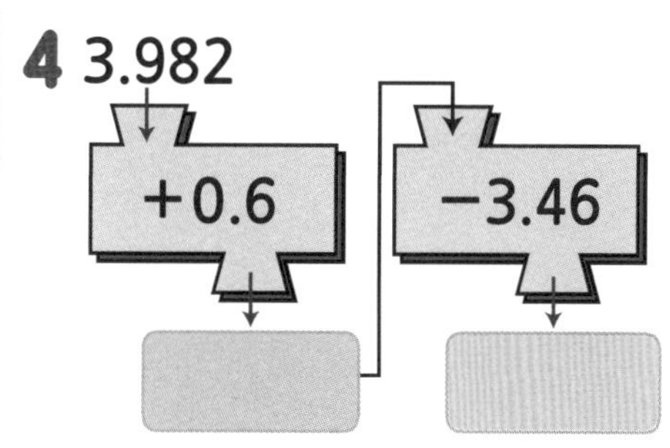

7
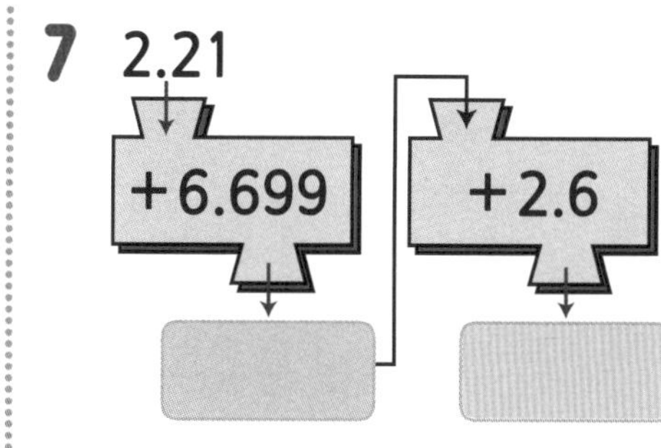

2
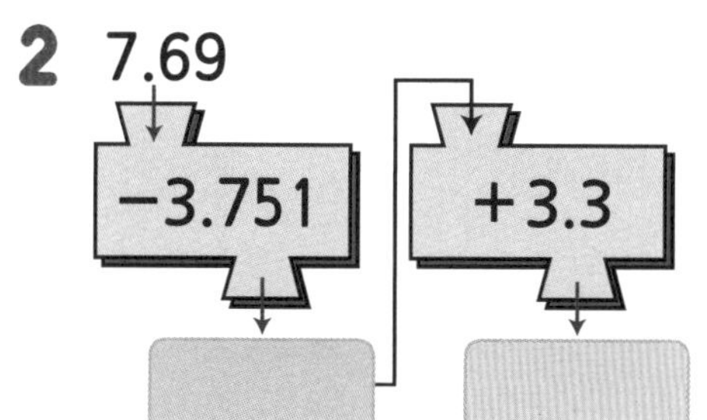

5
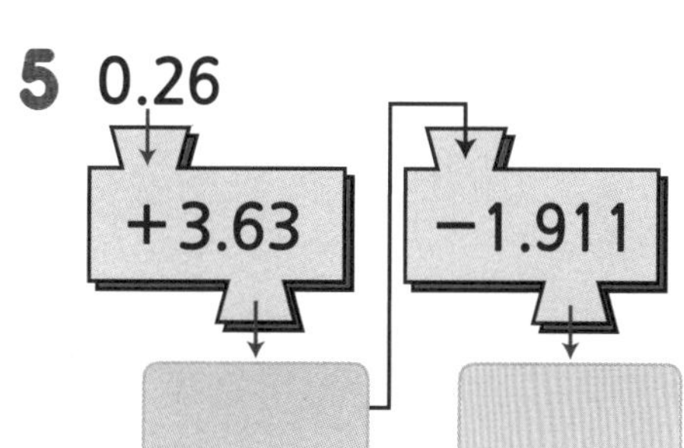

8
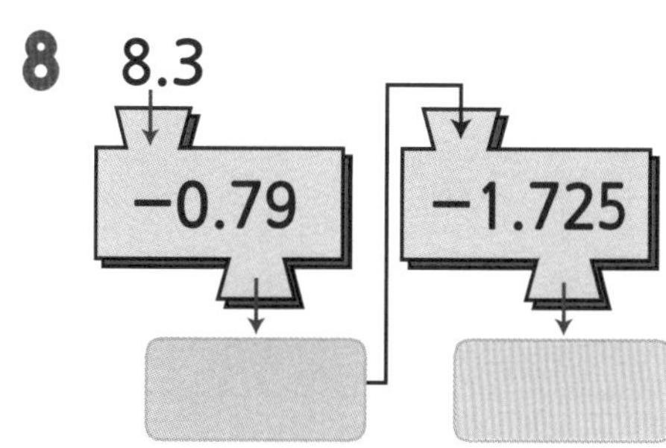

3
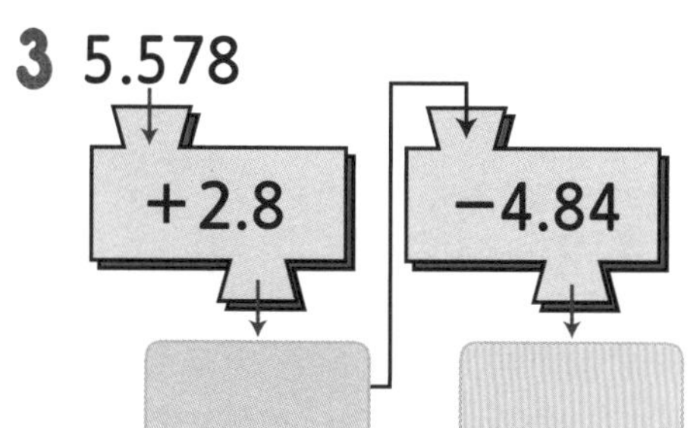

6
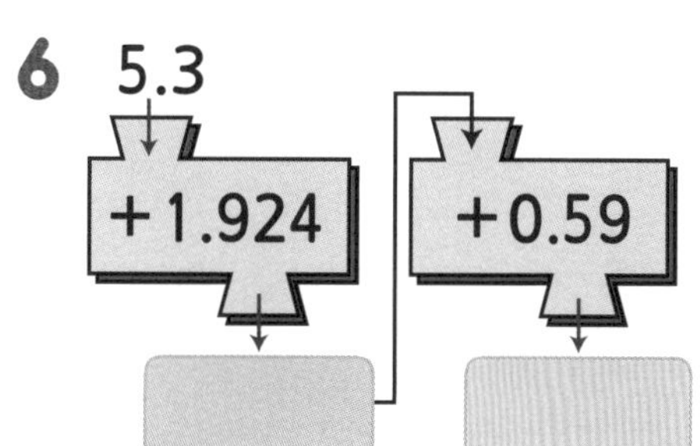

9
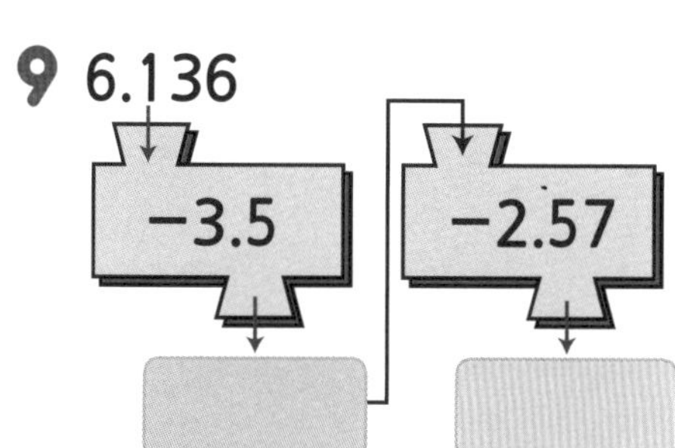

보기와 같이 옆에 있는 수를 더해서 옆에 적고, 밑에 있는 수를 빼서 밑에 적으세요.

1

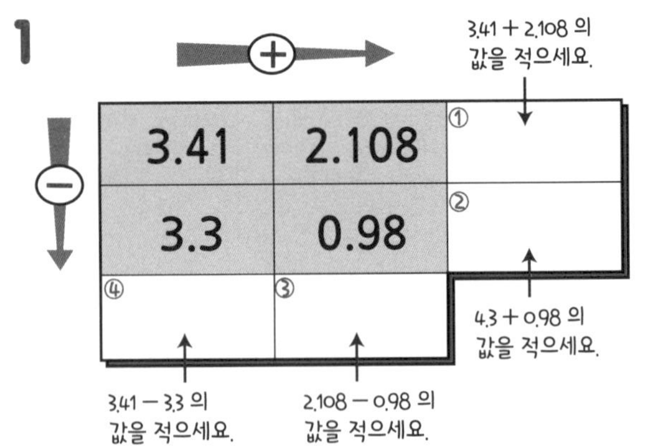

2

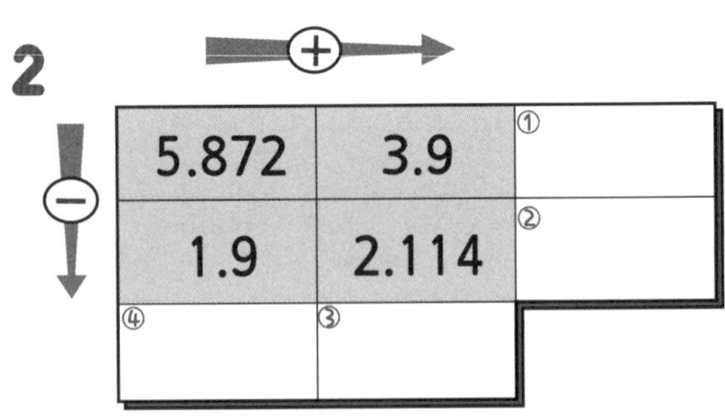

3

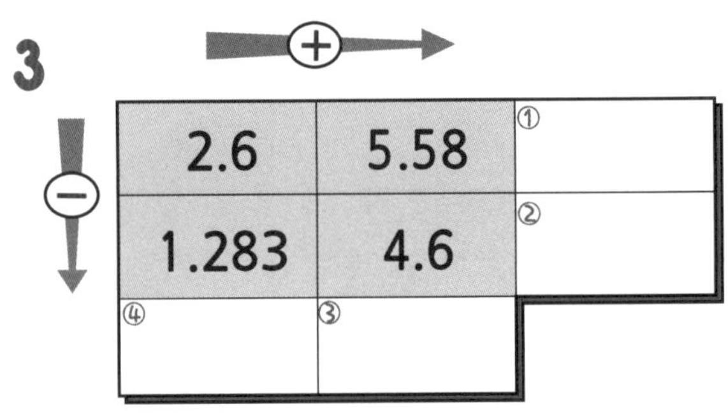

4

6	4.9	①
3.61	2.129	②
④	③	

5

3.2	4.539	①
2.759	2	②
④	③	

6

9.194	7.2	①
7.3	5.81	②
④	③	

이어서 나는 ______ 을(를) 공부/연습할거야!!

확인 (틀린 문제의 수를 적고, 약한 부분을 보충하세요.)

회차	틀린문제수
41 회	문제
42 회	문제
43 회	문제
44 회	문제
45 회	문제

생각해보기

앞에서 배운 5회차 내용이 모두 이해 되었나요?

1. 모두 이해되고 자신있다. → 다음 회로 넘어 갑니다.

2. 2~3문제 틀릴 수는 있겠지만 거의 이해한다.
   → 개념부분을 한번 더 읽고 다음 회로 넘어 갑니다.

3. 잘 모르는 것 같다.
   → 개념부분과 틀린문제를 한번 더 보고 다음 회로 넘어 갑니다.

틀린 문제가 있었다면 왜 틀렸을거라고 생각합니까?

1. 개념 설명이 어려워서 잘 모르겠다. 2. 다 아는데 실수한 것 같다.

3. 빨리 끝내고 싶어서 집중할 수가 없다. 4. 하기 싫어서....

오답노트 (앞에서 틀린 문제나 기억하고 싶은 문제를 적습니다.)

회 번	
문제	풀이

회 번	
문제	풀이

회 번	
문제	풀이

회 번	
문제	풀이

회 번	
문제	풀이

46 수직(수선) / 평행 (평행선)

월 일
분 초

6 문제 중 문제 맞았어!

소리내 읽기

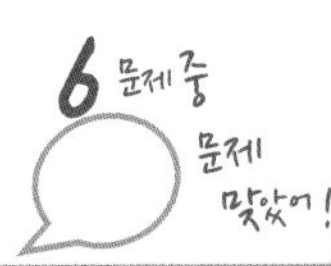

수직 (수선)

두 직선이 **직각**(90°)으로 만날때, 서로 **수직**이라 하고, 수직으로 만나는 다른 직선을 **수선**이라 합니다.

가
나

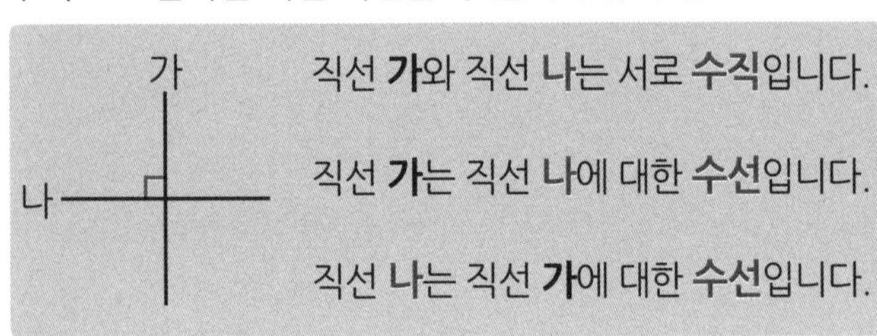

직선 **가**와 직선 **나**는 서로 **수직**입니다.

직선 **가**는 직선 **나**에 대한 **수선**입니다.

직선 **나**는 직선 **가**에 대한 **수선**입니다.

평행 (평행선)

두 직선이 똑같은 방향으로 그어져서, 서로 만나지 않는 직선을 **평행**한다고 하고, 서로 평행한 직선을 **평행선**이라 합니다.

가
나
다

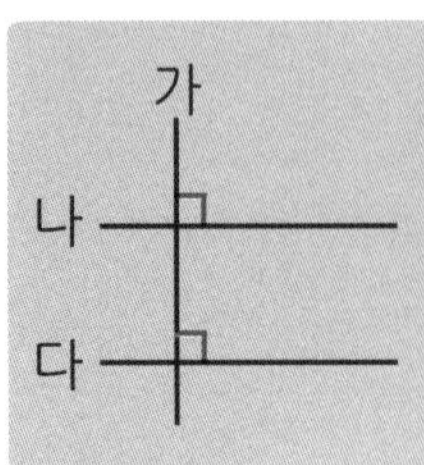

직선 **나**는 직선 **가**에 대한 **수선**입니다.
직선 **다**는 직선 **가**에 대한 **수선**입니다.

직선 **나**와 직선 **다**는 서로 **평행**합니다.
직선 **나**와 직선 **다**는 서로 **평행선**입니다.

소리내 풀기

아래는 수직과 수선의 특징을 이야기 한 것입니다. 빈 칸에 알맞은 글을 적으세요.

1 두 직선이 만나는 각이 **직각**일때, 두 직선은 서로 [ ] 이라고 합니다. 또, 두 직선이 서로 **수직**으로 만나면 한 직선을 다른 직선에 대한 [ ] 이라고 합니다.

2 나
다
가

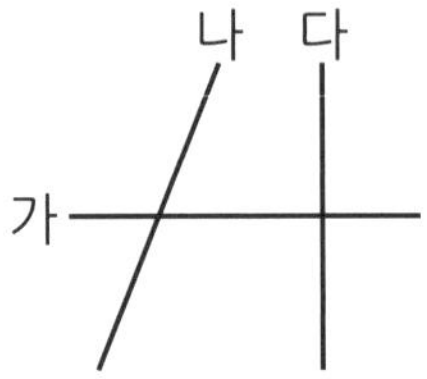

옆의 그림에서 직선 **가**와 **수직**인 직선은 직선 [ ] 이고, 직선 **다**에 대한 **수선**은 직선 [ ] 입니다.

3 아래의 선에 삼각자, 각도기등을 이용하여 수선을 그어 보세요.

나
다
가

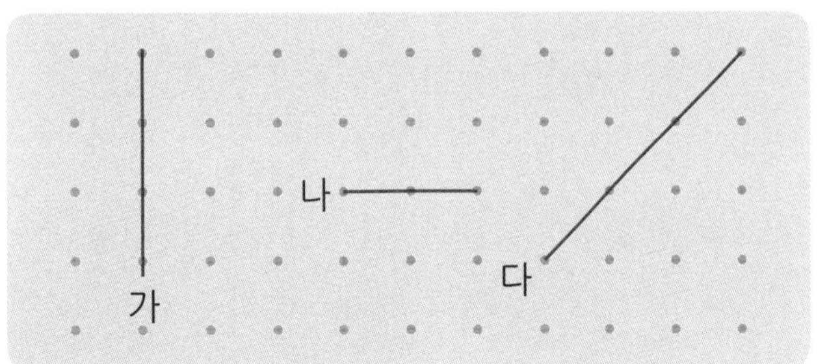

※ 수선을 수직선이라고도 합니다.
편의상 가운데 (직)을 빼고 수선이라 합니다.

소리내 풀기

아래는 평행과 평행선의 특징을 이야기 한 것입니다. 빈 칸에 알맞은 글을 적으세요.

4 한 직선에 **수직**인 두 직선을 그으면, 그 두 직선은 서로 만나지 않습니다. 서로 만나지 않는 두 직선을 [ ] 하다고 하고, **평행**한 두 직선을 [ ] 이라고 합니다.

5 가
나
다
라

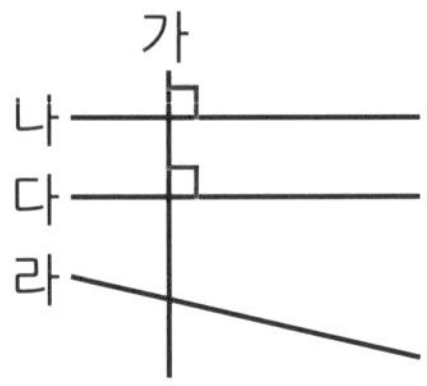

옆의 그림에서 직선 **나**와 **평행**한 직선은 직선 [ ] 이고, 직선 **다**와 **평행선**은 직선 [ ] 입니다.

6 아래의 선과 평행한 평행선을 그어 보세요.

나
다
가

※ 평행선은 가운데 (행)을 안빼고 그냥 평행선입니다. ^^;;

 이어서 나는 [ ] 을(를) 공부/연습할거야!!

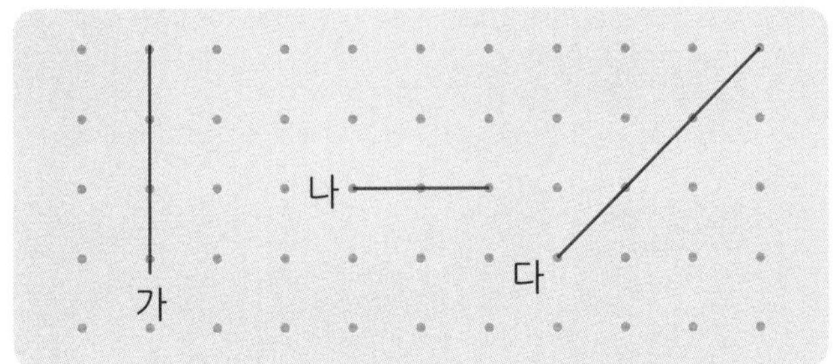

47 수선에서의 각도 구하기

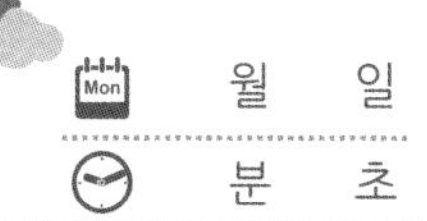

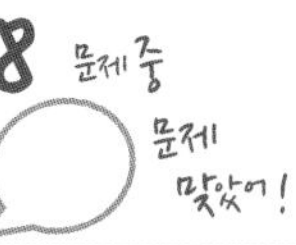

수선이 이루는 각은 90°(도) 입니다.

수선이 여러 각으로 나눠있을때, 모르는 각을 알 수 있습니다.

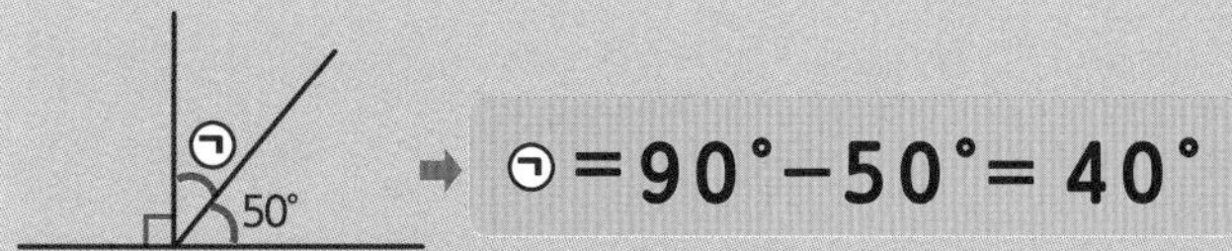

※ 수선은 90도이므로, 아는 각을 90도에서 빼면 모르는 각을 알 수 있습니다.

일직선이 이루는 각은 180°(도) 입니다.

일직선이 여러 각으로 나눠있을때, 모르는 각을 알 수 있습니다.

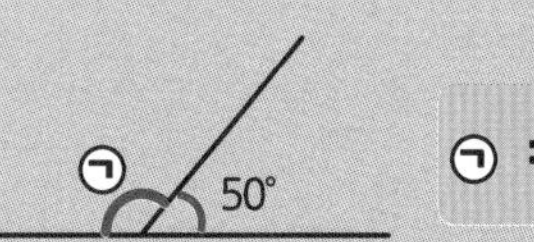

※ 직선은 180도이므로, 아는 각을 180도에서 빼면 모르는 각을 알 수 있습니다.

직선 가와 직선 나가 서로 수선(수직)일때, ☐ 에 들어갈 각도를 적으세요.

1

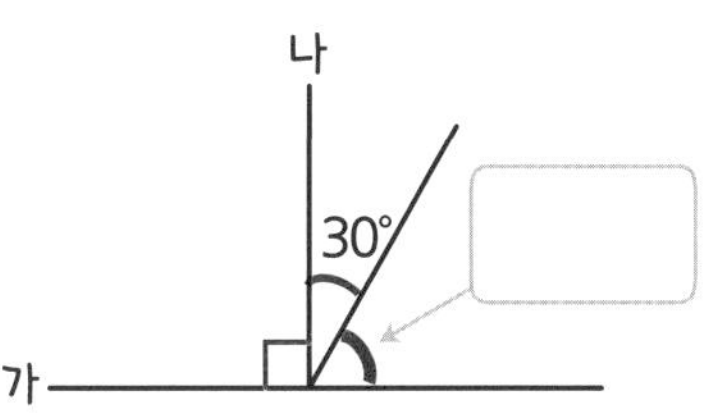

2

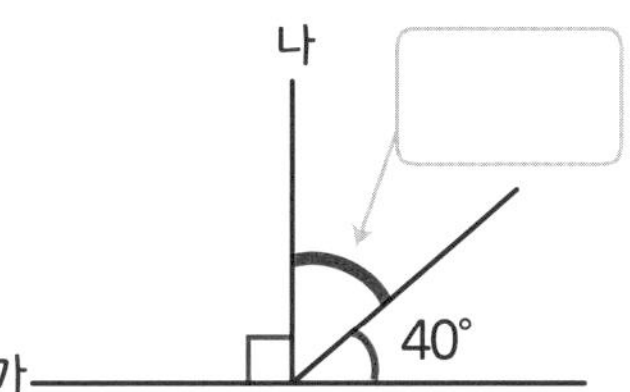

3

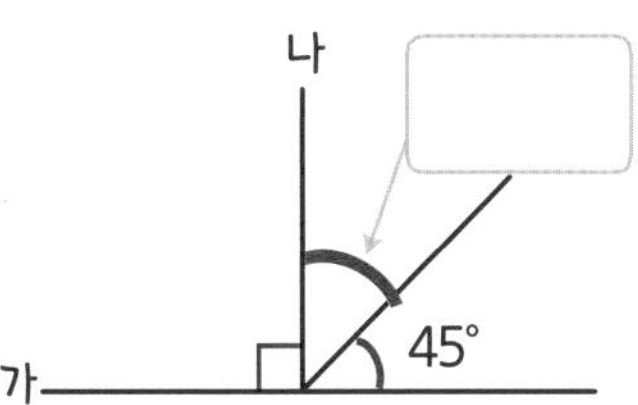

4

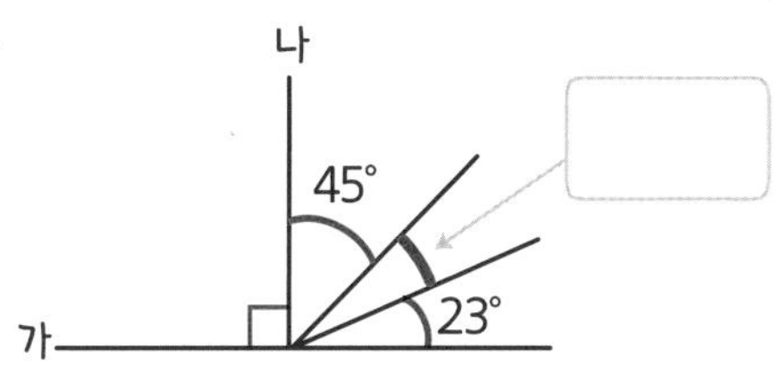

소리내 풀기

'직선 가'는 일직선입니다. ☐ 에 들어갈 각도를 적으세요.

5

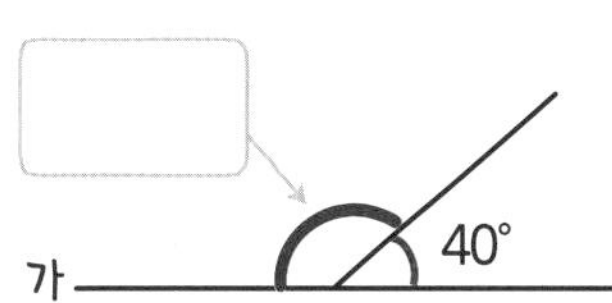

6

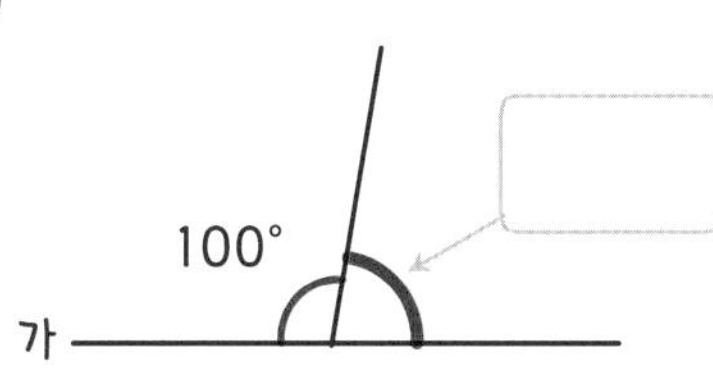

7

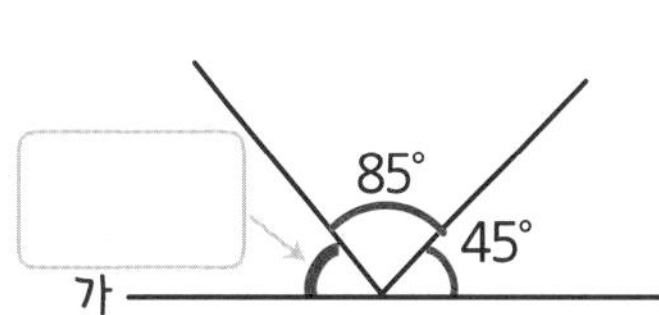

8

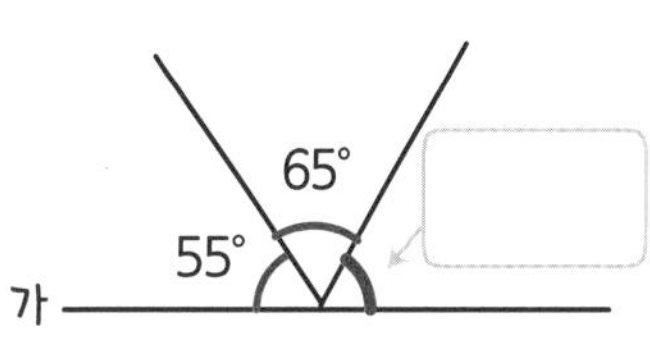

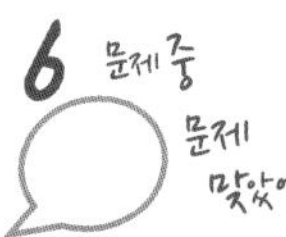

평행선 사이의 거리

두 평행선은 서로 수직으로 잇는 선분의 길이가 가장 짧고, 어디에서 재든 항상 같습니다,

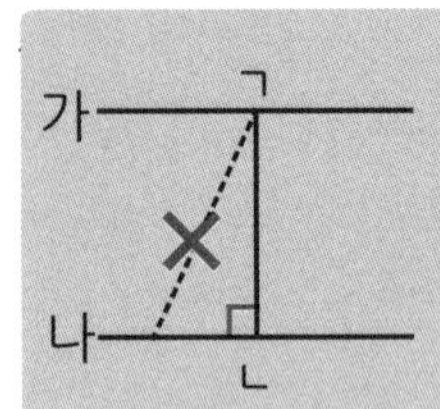

직선 **가**와 직선 **나**는 **평행선**입니다.

평행선과 **수직**인 선분ㄱㄴ의 길이를 **평행선 사이의 거리**라고 합니다.

평행선은 아무리 연장해서 그려도 만나지 않습니다.

두 직선이 똑같은 방향으로 그어져있기 때문에 두 선을 연장해도 절대 만나지 않습니다.

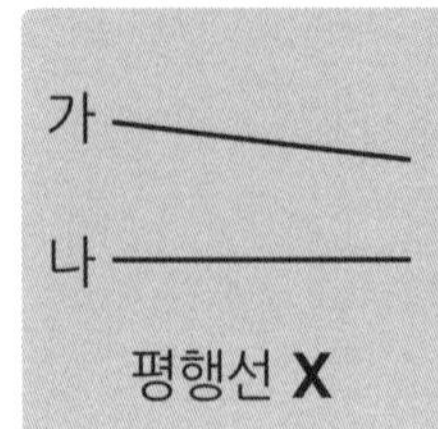

평행선 X

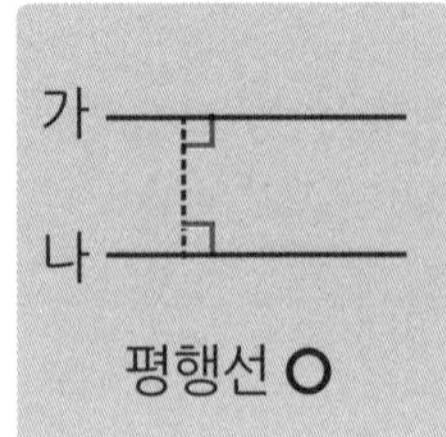

평행선 O

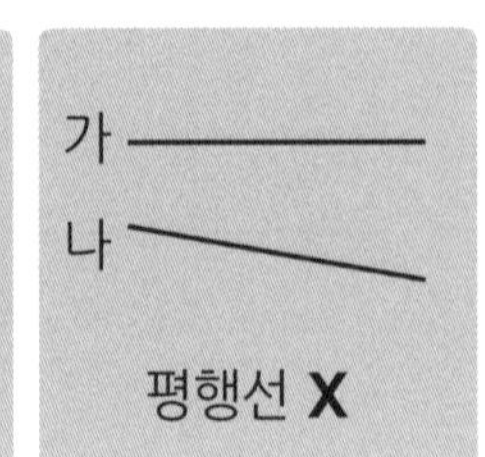

평행선 X

아래는 평행선의 특징을 이야기 한 것입니다. 빈 칸에 알맞은 글을 적으세요.

1 두 평행선이 얼마나 떨어져 있는지 알기 위해서는

두 직선에 [ ]인 선분을 그리고, 그 선분의 길이를

재면 두 평행선 사이의 [ ]가 됩니다.

2 가 ㄱ 나 ㄴ ㄷ ㄹ

옆의 그림에서 직선 **가**와 직선 **나**는

[ ]이고, 이 평행선 사이의

거리는 선분 [ ]의 길이입니다.

3 아래의 점 사이의 거리가 5cm라고 한다면, 두 평행선 사이의

거리는 얼마일까요? (대각선 거리는 7cm라고 한다)

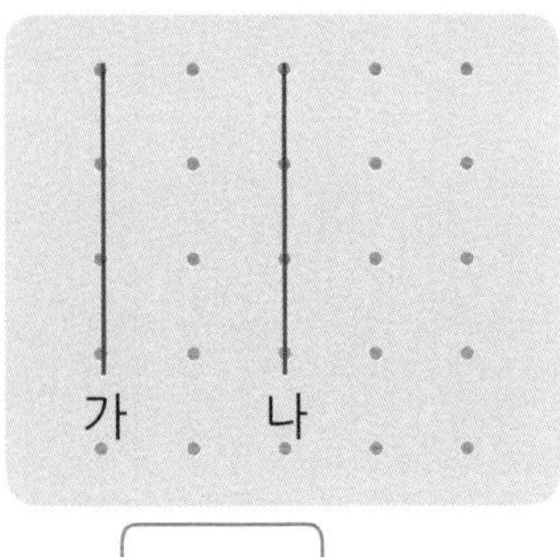

[ ] cm

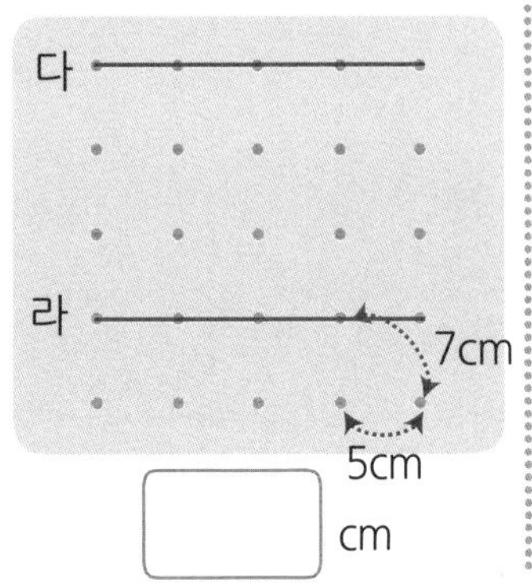

[ ] cm

소리내 풀기

아래는 평행과 평행선의 특징을 이야기 한 것입니다. 빈 칸에 알맞은 글을 적으세요.

4 옆의 평행선 사이의 거리를

자로 재보면 [ ] cm입니다.

5 옆의 선에 평행선 사이의 거리가

2cm가 되는 평행선을 그려 보세요.

6 아래의 점 종이에 수선과 수평선 만으로 그림을 그려보세요.

 이어서 나는 [ ]을(를) 공부/연습할거야!!

49 평행선의 성질 (2)

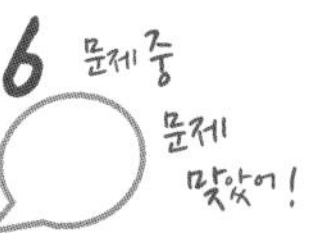

평행선과 직선이 만날때 마주보는 각은 같습니다.

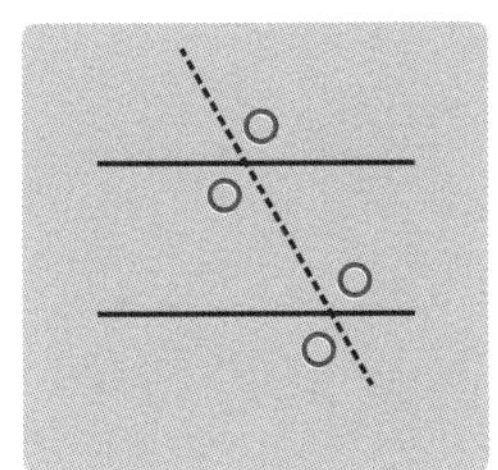

마주보는 각 ○은 같습니다.

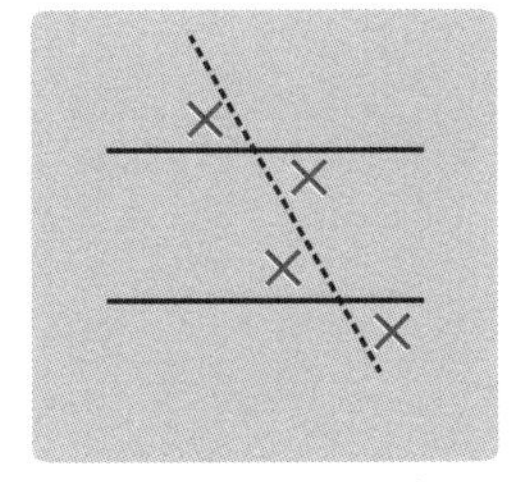

마주보는 각✕은 같습니다.

한개의 각도를 알면 모든 각도를 알 수 있습니다.

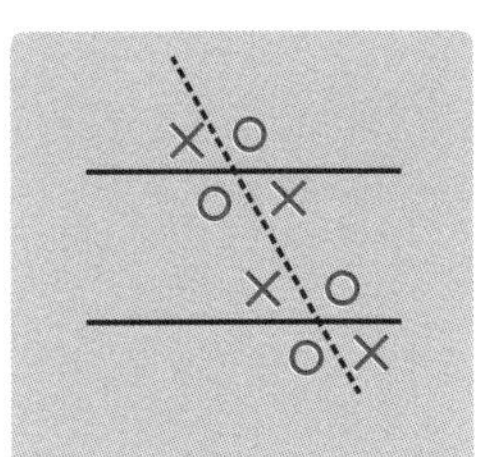

직선은 180°이므로
180°에서 아는 각을 빼주면
모르는 각을 알 수 있습니다.
○° = 180° − ✕°
✕° = 180° − ○°

아래 직선 가와 직선 나는 평행입니다. 빈 칸에 알맞은 각도를 적으세요.

1

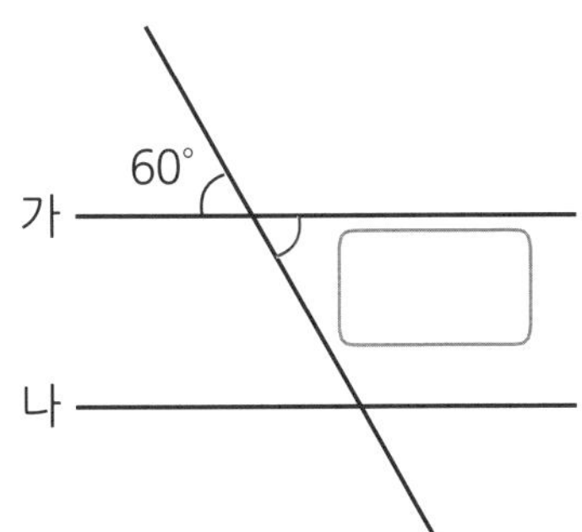

2

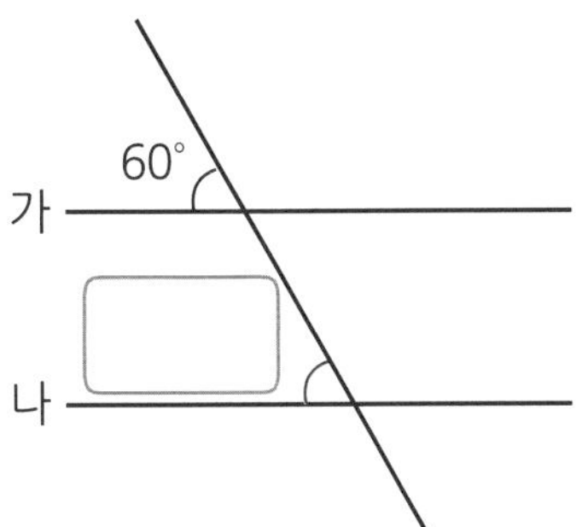

3

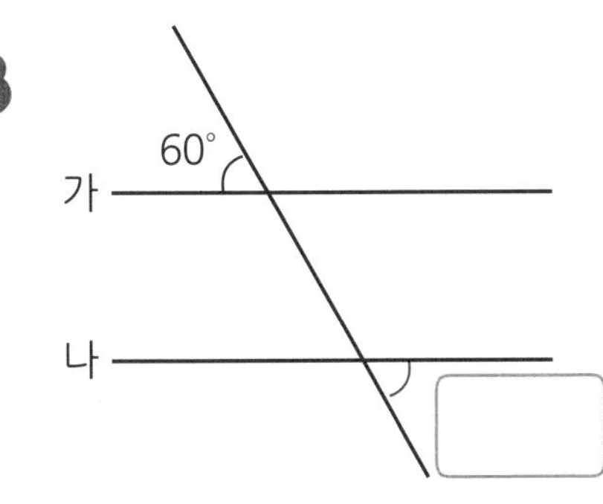

4

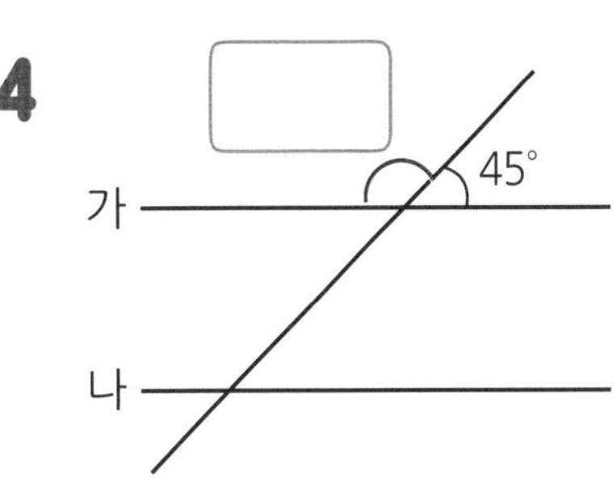

5

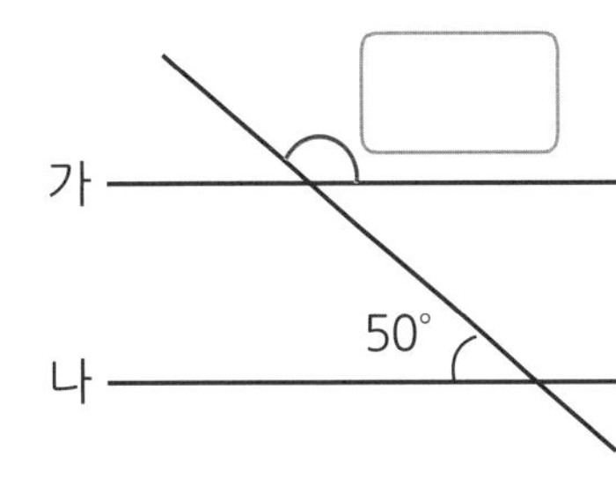

6

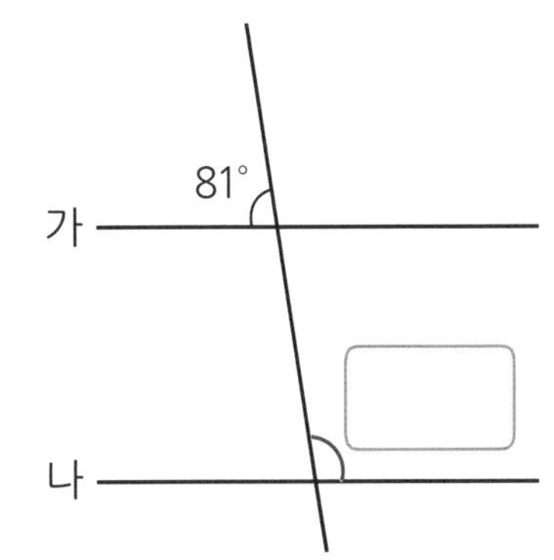

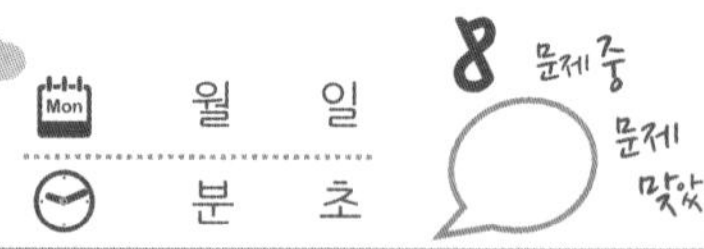

아래 직선 가와 직선 나는 평행입니다. 빈 칸에 알맞은 각도를 적으세요.

1

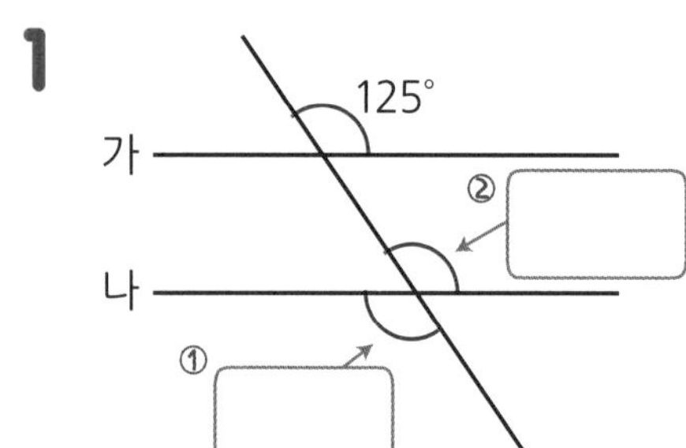

2

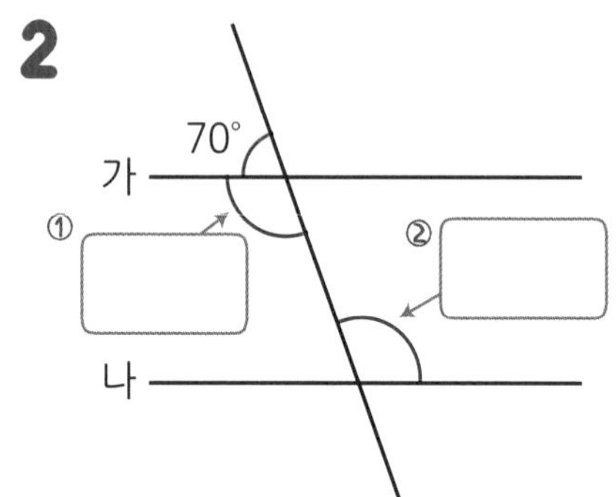

3

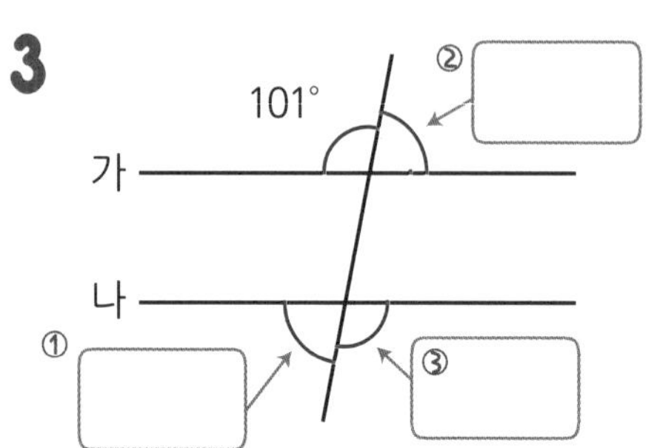

4

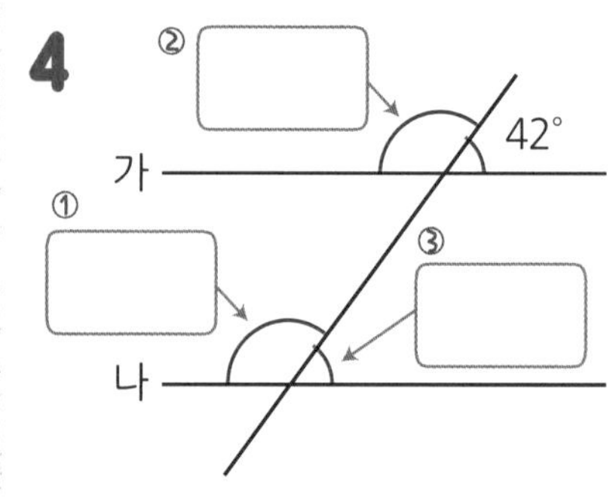

5

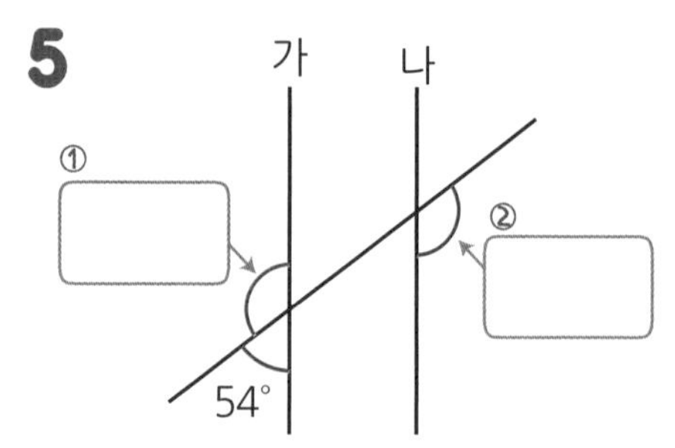

6

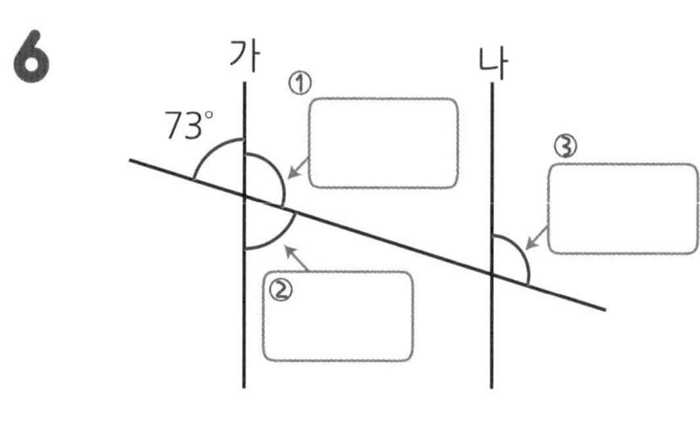

7

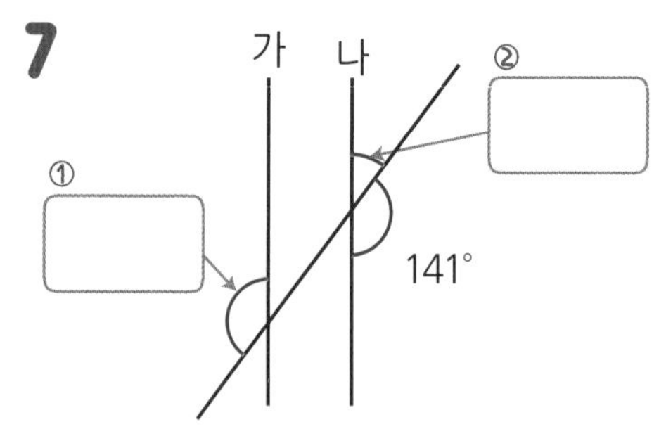

8

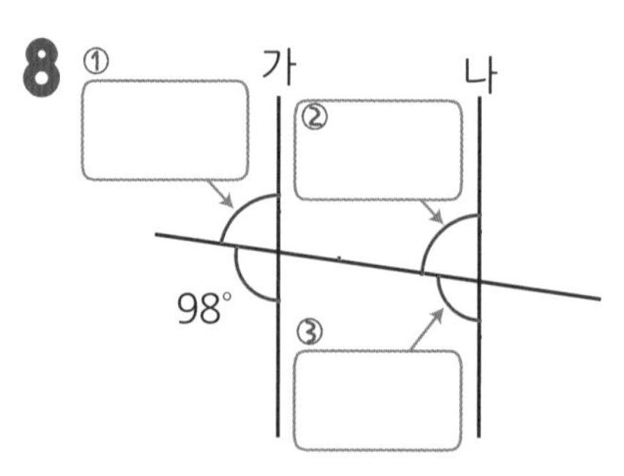

확인 (틀린 문제의 수를 적고, 약한 부분을 보충하세요.)

회차	틀린문제수
46 회	문제
47 회	문제
48 회	문제
49 회	문제
50 회	문제

생각해보기

앞에서 배운 5회차 내용이 모두 이해 되었나요?

1. 모두 이해되고 자신있다. → 다음 회로 넘어 갑니다.

2. 2~3문제 틀릴 수는 있겠지만 거의 이해한다.
   → 개념부분을 한번 더 읽고 다음 회로 넘어 갑니다.

3. 잘 모르는 것 같다.
   → 개념부분과 틀린문제를 한번 더 보고 다음 회로 넘어 갑니다.

틀린 문제가 있었다면 왜 틀렸을거라고 생각합니까?

1. 개념 설명이 어려워서 잘 모르겠다. 2. 다 아는데 실수한 것 같다.

3. 빨리 끝내고 싶어서 집중할 수가 없다. 4. 하기 싫어서....

오답노트 (앞에서 틀린 문제나 기억하고 싶은 문제를 적습니다.)

회 번	
문제	풀이

회 번	
문제	풀이

회 번	
문제	풀이

회 번	
문제	풀이

회 번	
문제	풀이

삼각형의 세 각의 합은 항상 180°입니다.

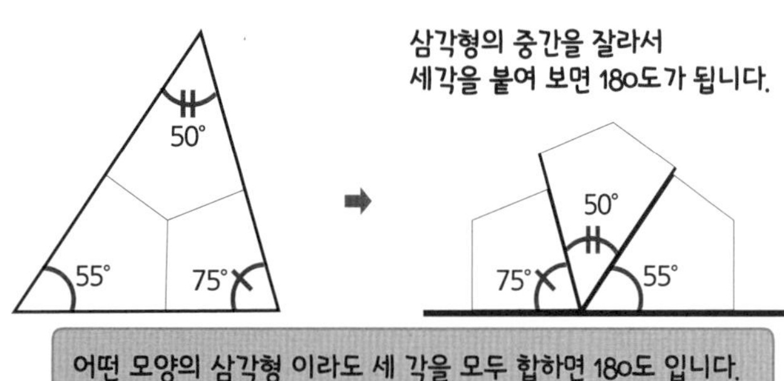

삼각형의 중간을 잘라서
세각을 붙여 보면 180도가 됩니다.

어떤 모양의 삼각형 이라도 세 각을 모두 합하면 180도 입니다.

삼각형의 두 각을 알면 나머지 1개의 각도 알 수 있습니다.

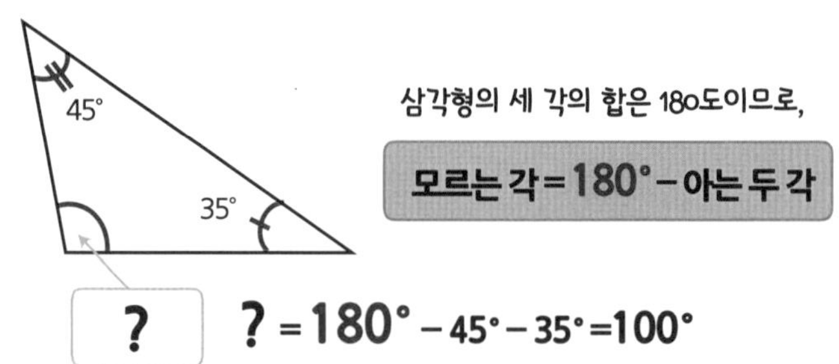

45°
35°
삼각형의 세 각의 합은 180도이므로,
모르는 각 = 180° - 아는 두 각
?
? = 180° - 45° - 35° = 100°

□를 이용하여 식을 만들어서 모르는 각도를 구하세요.

1

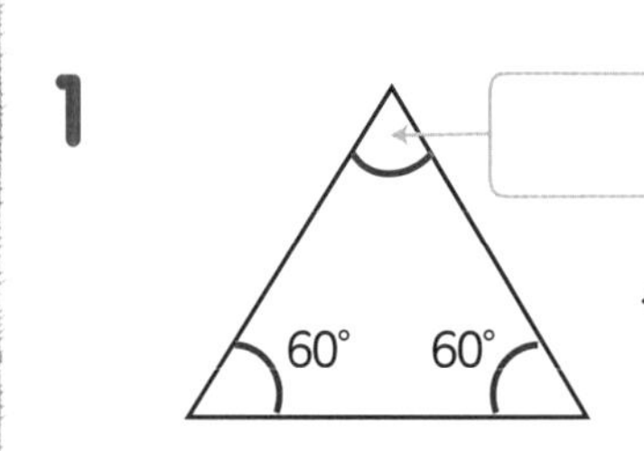

식) □+60°+60°=180°

□=180°−60°−60°

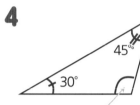

2

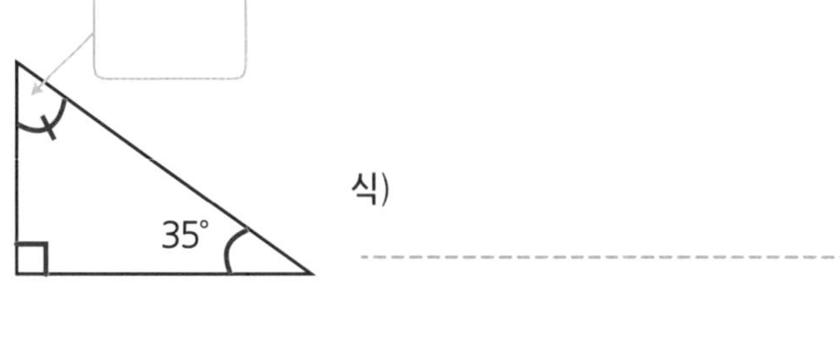

3

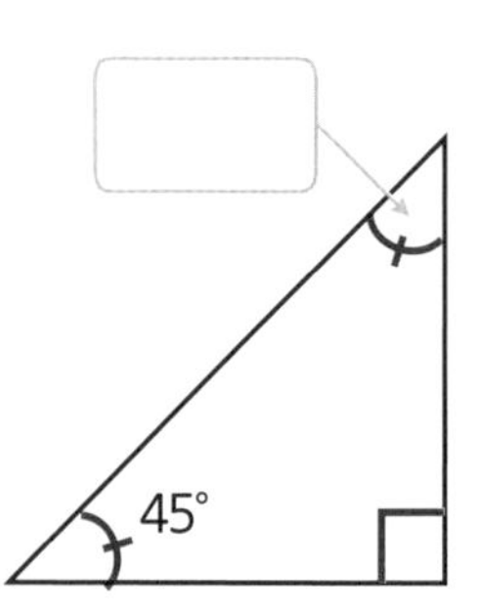

4

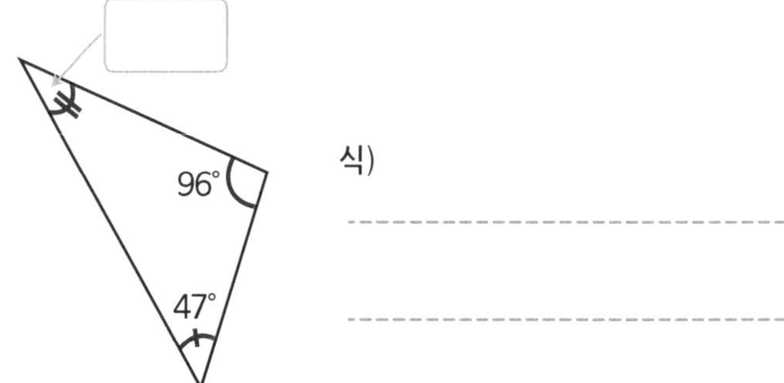

식)

5

96°

47°

식)

6

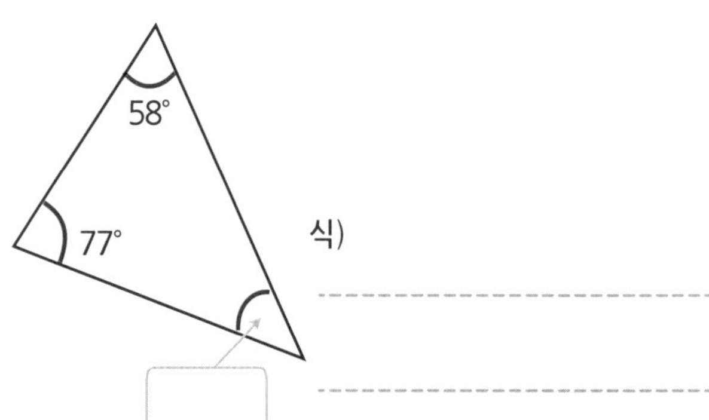

월 일
분 초

6 문제 중 문제 맞았어!

사각형의 네 각의 합은 항상 360°입니다.

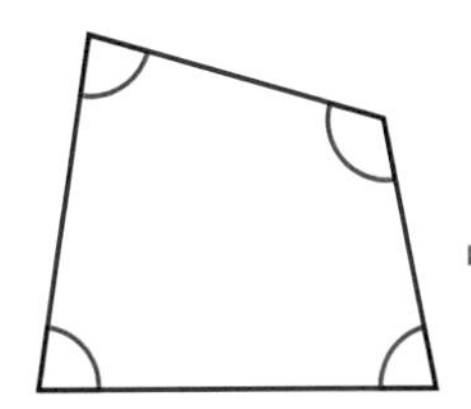

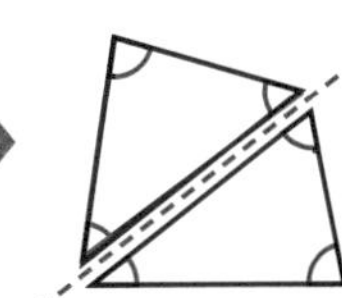

사각형은 삼각형 2개가 결합된 모양이므로 180도의 2배인 360도 입니다.

삼각형 세변의 합 (180°) 의 2배

어떤 모양의 사각형 이라도 네 각을 모두 합하면 360도 입니다.

사각형의 세 각을 알면 나머지 1개의 각도 알 수 있습니다.

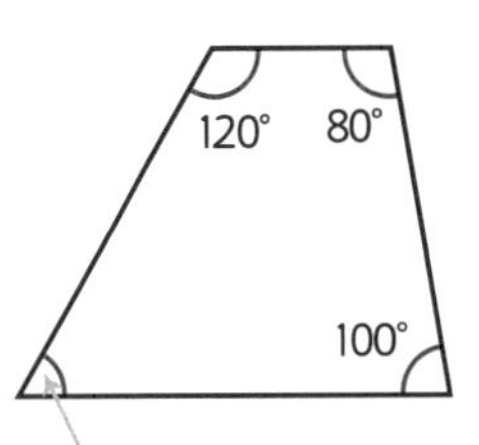

사각형의 네 각의 합은 360도이므로,

모르는 각 = 360° − 아는 세 각

? = 360° − 120° − 80° − 100° = 60°

□를 이용하여 식을 만들어서 모르는 각도를 구하세요.

1

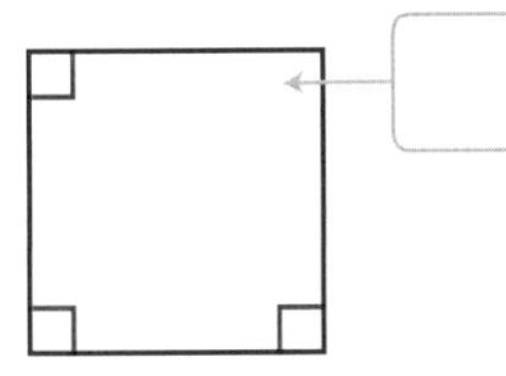

식) □+90°+90°+90°=360°

□=360°−90°−90°−90°=

2

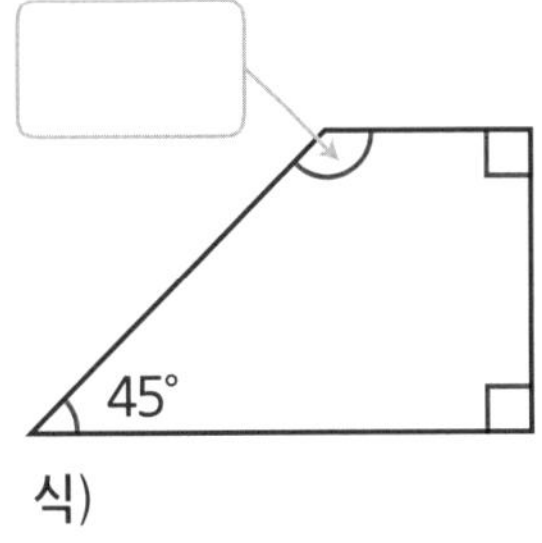

식)

3

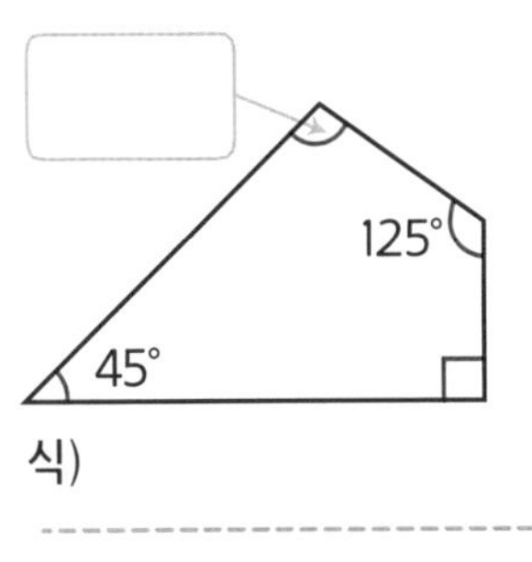

식)

4

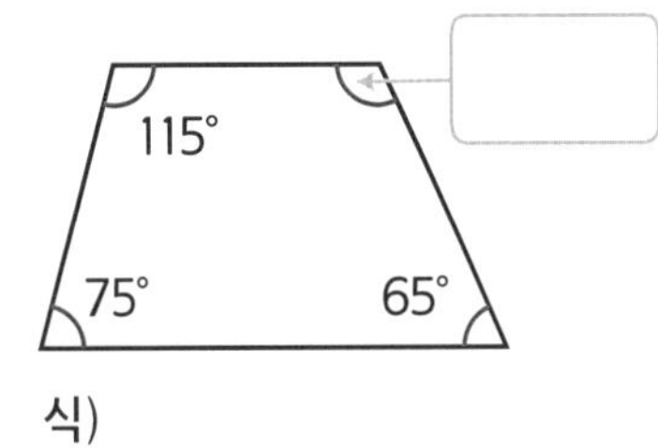

식)

5

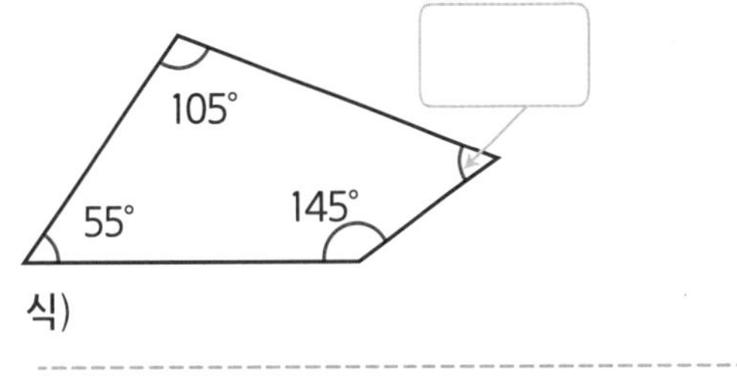

식)

6

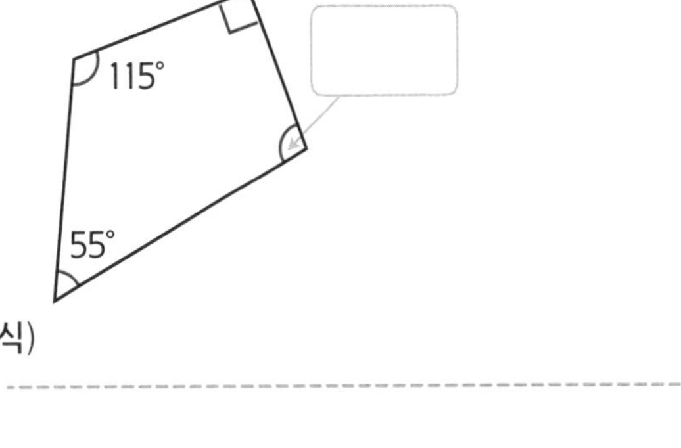

식)

이어서 나는 을(를) 공부/연습할거야!!

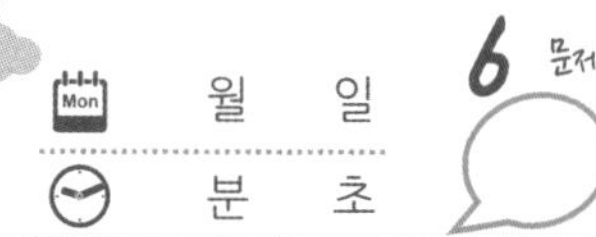

53 사각형의 분류

사다리꼴	평행사변형	마름모	직사각형	정사각형
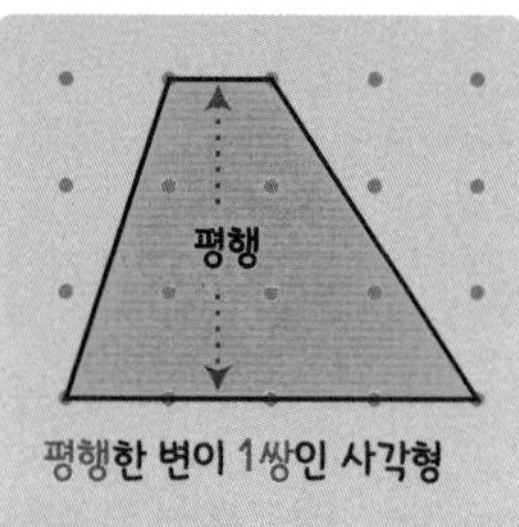	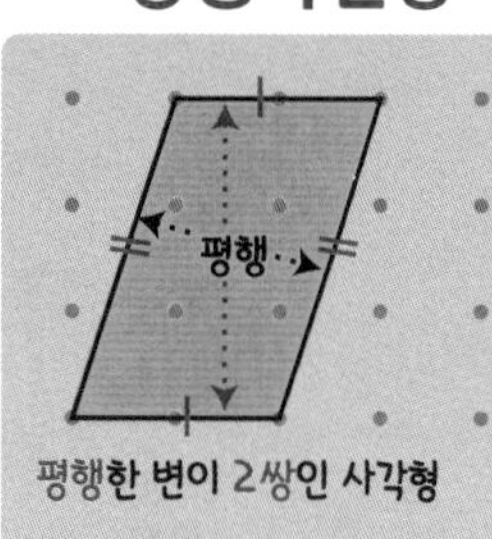	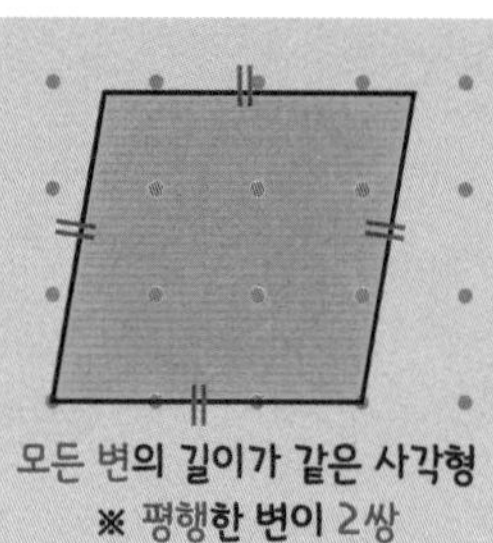	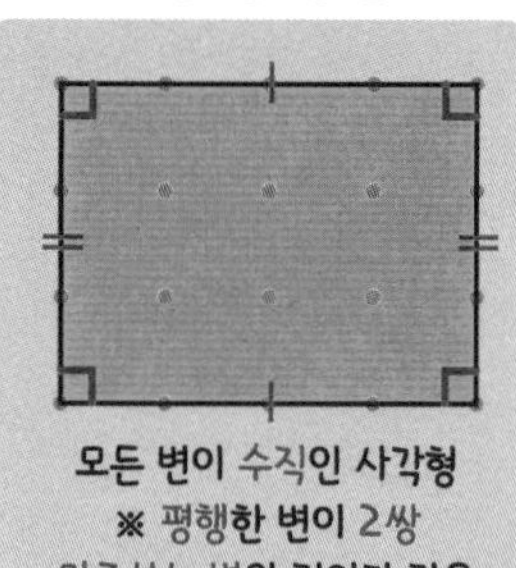	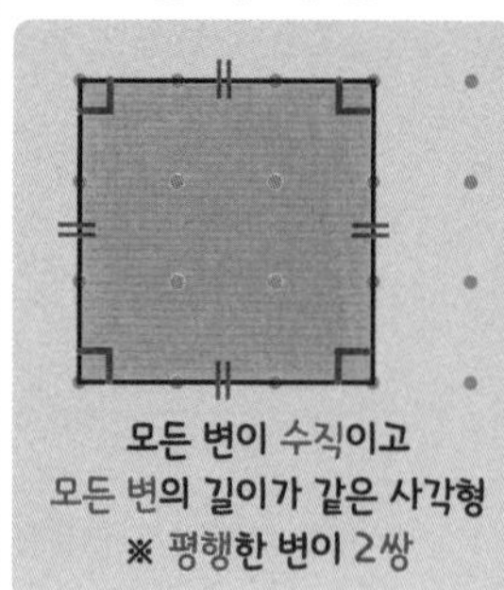
평행한 변이 1쌍인 사각형	평행한 변이 2쌍인 사각형	모든 변의 길이가 같은 사각형 ※ 평행한 변이 2쌍 마주보는 각의 크기가 같음	모든 변이 수직인 사각형 ※ 평행한 변이 2쌍 마주보는 변의 길이가 같음	모든 변이 수직이고 모든 변의 길이가 같은 사각형 ※ 평행한 변이 2쌍

아래는 사각형의 모양를 이야기 한 것입니다. 빈 칸에 알맞은 글을 적으세요. (다 푼후 2번 읽어 봅니다.)

1

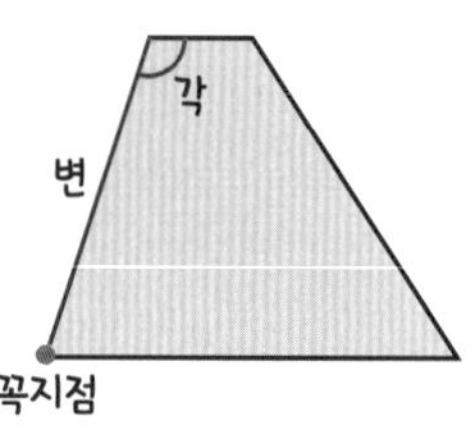

마주보는 평행한 변이 1쌍 이상인

사각형을 [ ] 이라 하고,

모든 변의 길이와 각이 다를 수 있습니다.

2 마주보는 평행한 변이 2쌍인 삼각형을

[ ] 이라고 하고,

마주보는 두 변의 길이는 각각 같고,

마주보는 각의 크기가 같습니다.

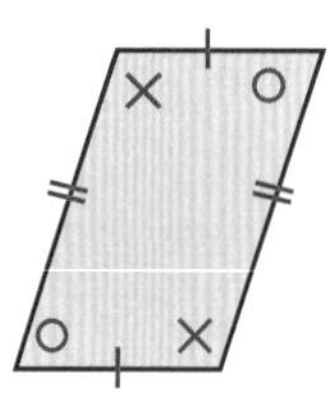

○ 의 각도 = 180 − ×

× 의 각도 = 180 − ○

3

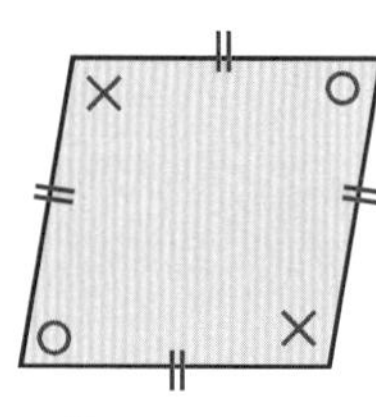

모든 변의 길이사 같은 사각형을

[ ] 라고 하고,

마주보는 각의 크기가 같고,

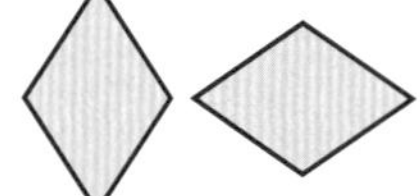

마주보는 평행산 변이 2쌍입니다.

※ 정사각형은 직사각형과 마름모에 포함되고,
마름모는 평행사변형에 포함되고, 평행사변형은 사다리꼴에 포함되고,
사다리꼴은 사각형에 포함됩니다.

4

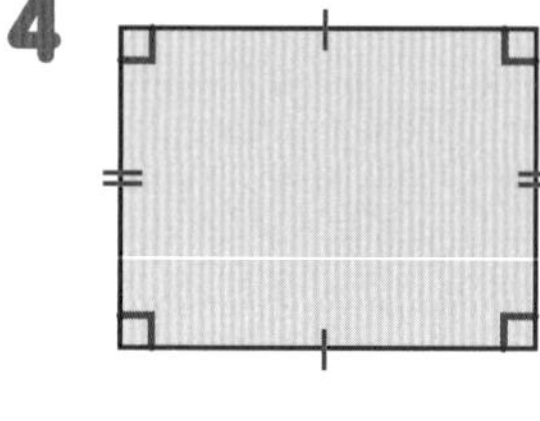

사각형의 모든 각이 직각이고

마주보는 변의 길이가 같은 사각형을

[ ] 이라고 합니다.(평행 2쌍

5 사각형의 모든 각이 직각이고

모든 변의 길이가 같은 사각형을

[ ] 이라고 합니다.

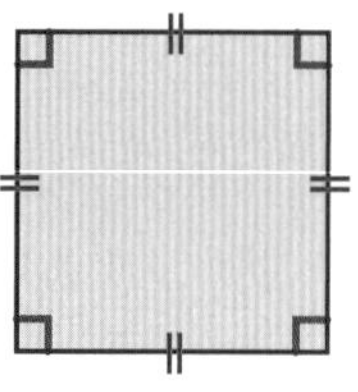

마주보는 각의 크기도 같습니다. (평행 2쌍)

6 변과 꼭지점이 4 개인 모양을 [ ] 이라 하고,

그 중, 마주보는 1 쌍의 변이 평행이면 [ ] 이고,

그 중, 다른 1 쌍의 변도 평행이면 [ ] 이고,

그 중, 4 변의 길이가 같으면 [ ] 입니다.

마름모 중에서 모든 각이 90도이고, 변의 길이가 다르면

[ ] 이고, 모두 같으면 [ ] 입니다.

 이어서 나는 [ ] 을(를) 공부/연습할거야!!

54 평행사변형과 마름모의 각도

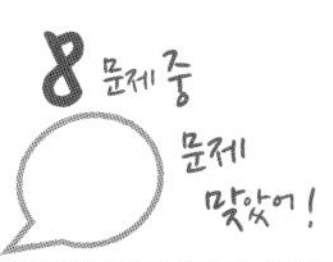

평행사변형과 마름모에서 마주보는 두 각은 같습니다.

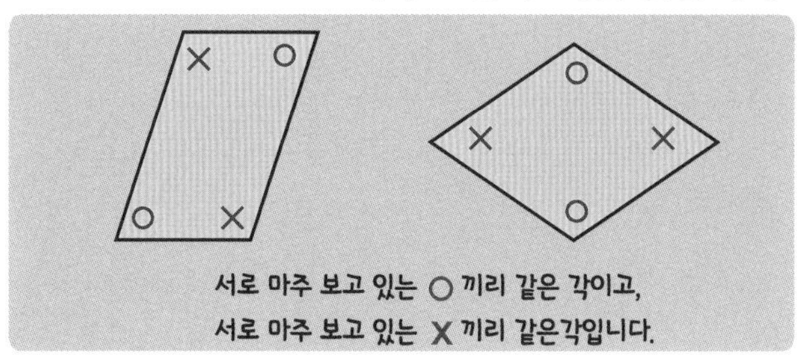

서로 마주 보고 있는 ○ 끼리 같은 각이고,
서로 마주 보고 있는 X 끼리 같은각입니다.

평행사변형과 마름모에서 이웃한 두 각의 크기의 합은 180도 입니다.

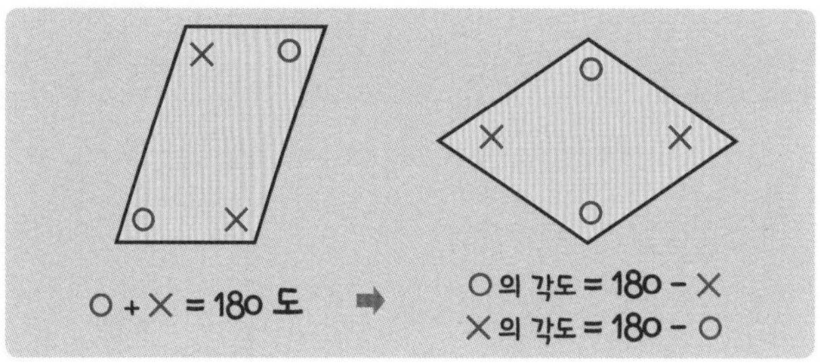

아래 도형은 평행사변형입니다.
□ 안에 알맞은 각도를 적으세요.

1

2

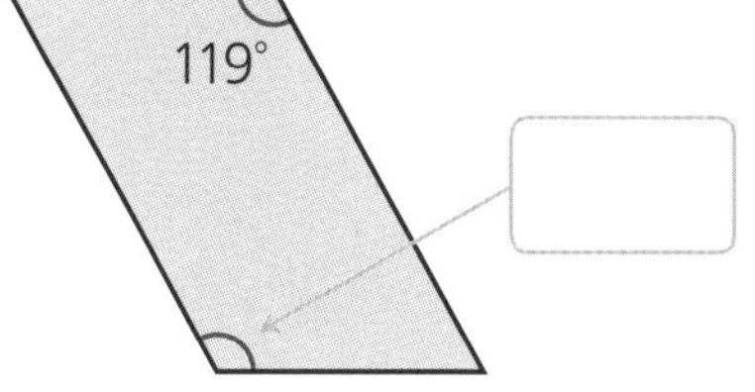

3

4

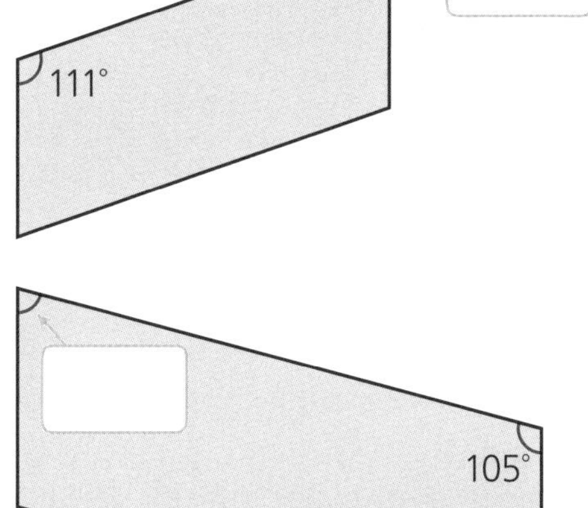

아래의 도형은 마름모입니다.
□ 안에 알맞은 각도를 적으세요.

5

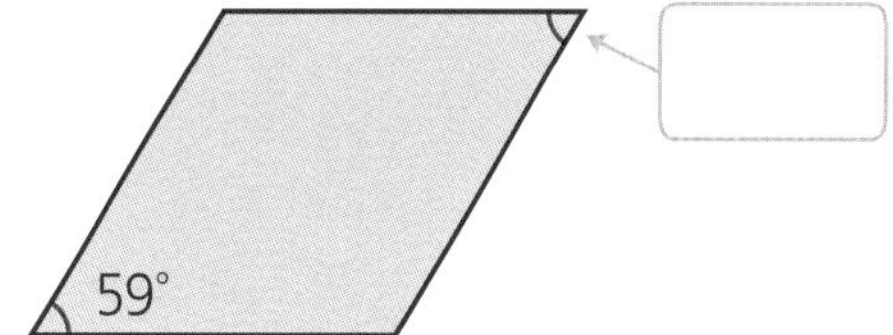

6

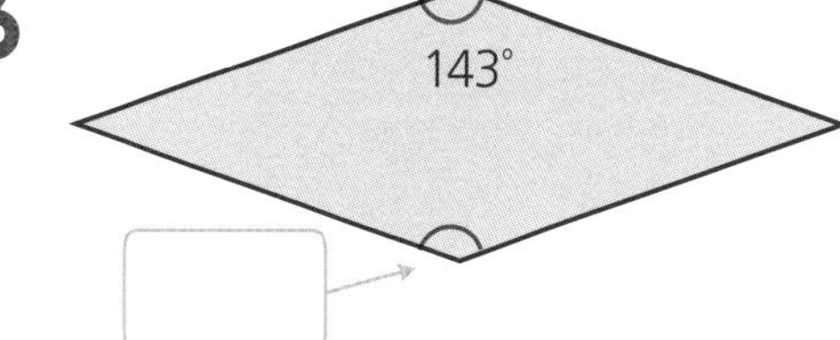

7

8

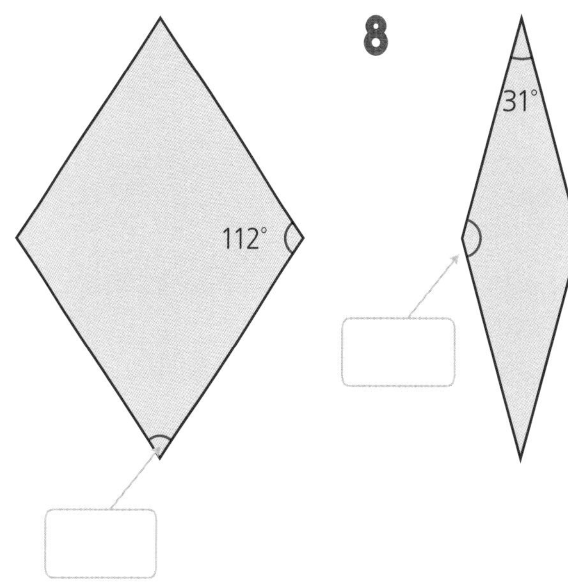

아래는 사각형의 모양에 대한 문제입니다.
빈 칸에 알맞은 글을 적으세요. (다 푼후 2번 읽어 봅니다.)

1 사다리꼴의 특징 중 가장 중요한 것 1가지를 적으세요.

2 평행사변형의 특징 중 가장 중요한 것 1가지를 적으세요.

3 마름모의 특징 중 가장 중요한 것 1가지를 적으세요.

4 직사각형의 가장 중요한 특징 1가지를 적으세요.

5 정사각형의 가장 중요한 특징 2가지를 적으세요.

6 옆에 있는 평행사변형의 둘레는 몇 cm 일까요?

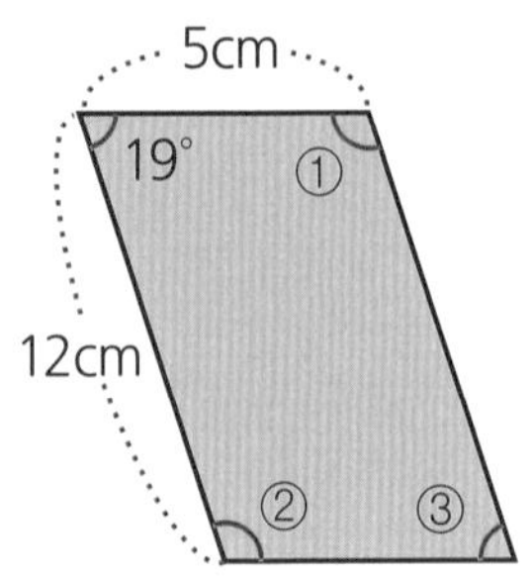

7 위의 평행사변형에서 ①의 각도는 [ ] 이고, ②의 각도는 [ ] 이고, ③의 각도는 [ ] 이고, 네 각을 모두 합하면 [ ] 입니다.

8 옆에 있는 마름모의 둘레는 몇 cm 일까요?

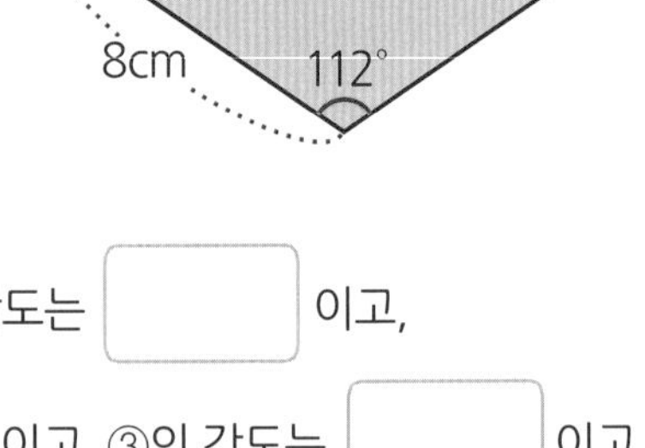

9 위의 마름모에서 ①의 각도는 [ ] 이고, ②의 각도는 [ ] 이고, ③의 각도는 [ ] 이고, 네 각을 모두 합하면 [ ] 입니다.

10 옆의 사각형의 모양에 해당하는 것에 ○표 하세요.

(사다리꼴, 평행사변형, 마름모, 직사각형, 정사각형)

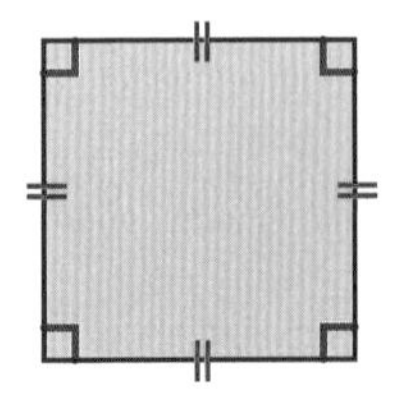

확인 (틀린 문제의 수를 적고, 약한 부분을 보충하세요.)

회차	틀린문제수
51 회	문제
52 회	문제
53 회	문제
54 회	문제
55 회	문제

생각해보기

앞에서 배운 5회차 내용이 모두 이해 되었나요?

1. 모두 이해되고 자신있다. → 다음 회로 넘어 갑니다.

2. 2~3문제 틀릴 수는 있겠지만 거의 이해한다.
   → 개념부분을 한번 더 읽고 다음 회로 넘어 갑니다.

3. 잘 모르는 것 같다.
   → 개념부분과 틀린문제를 한번 더 보고 다음 회로 넘어 갑니다.

틀린 문제가 있었다면 왜 틀렸을거라고 생각합니까?

1. 개념 설명이 어려워서 잘 모르겠다. 2. 다 아는데 실수한 것 같다.

3. 빨리 끝내고 싶어서 집중할 수가 없다. 4. 하기 싫어서....

오답노트 (앞에서 틀린 문제나 기억하고 싶은 문제를 적습니다.)

회 번	
문제	풀이

회 번	
문제	풀이

회 번	
문제	풀이

회 번	
문제	풀이

회 번	
문제	풀이

56 이상과 이하

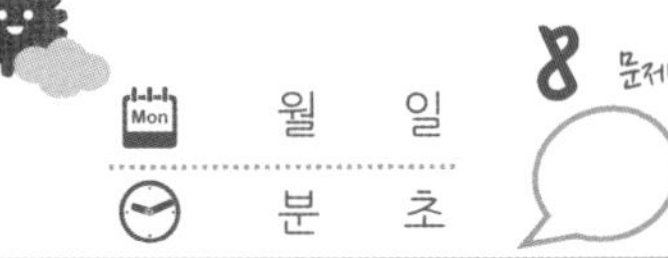

이상 (그 수를 포함하여 큰 수)

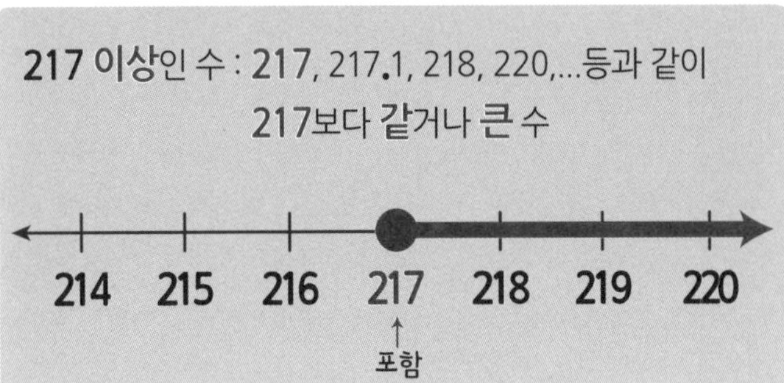

이하 (그 수를 포함하여 작은 수)

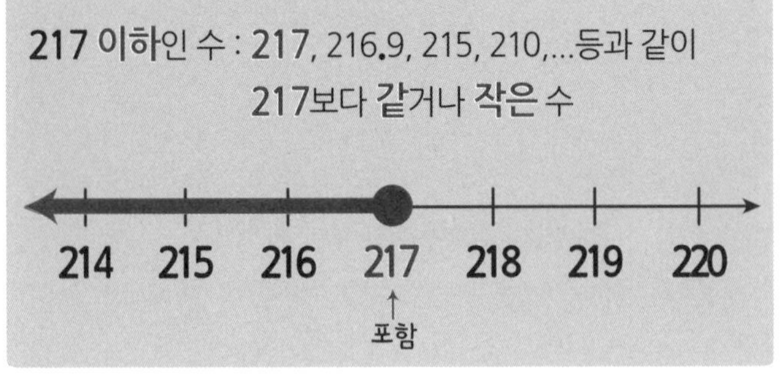

217 이하인 수 : 217, 216.9, 215, 210,...등과 같이
217보다 같거나 작은 수
214
215
216
217
218
219
220
포함

아래는 이상에 대해서 이야기 한 것입니다.
문제를 잘 읽고 알맞은 글이나 수를 적으세요.

1 수의 범위를 표현할 때, 그 수를 **포함**하여 더 **큰** 수를 말할때

그 수 [ ] 인 수라 합니다. **30 이상**인 수 중 가장 작은
(이상/이하)
수는 [ ] 입니다.

2 **59 이상**인 수에 ○표 하세요.

95	60.9	49	59.01	59

3 아래의 수 중 **91 이상**인 수는 몇 개 일까요?

9.1	910	91.01	19.91	91.00

4 **36 이상**인 수를 수직선에 나타내세요.

34 35 36 37 38 39 40

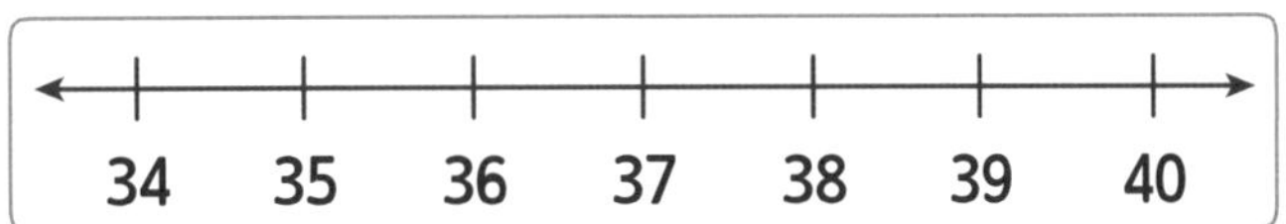

아래는 이하에 대해서 이야기 한 것입니다.
문제를 잘 읽고 알맞은 글이나 수를 적으세요.

5 수의 범위를 표현할 때, 그 수를 **포함**하여 더 **작은** 수를 말할때

그 수 [ ] 인 수라 합니다. **30 이하**인 수 중 가장 큰
(이상/이하)
수는 [ ] 입니다.

6 **59 이하**인 수에 ○표 하세요.

95	60.9	49	59.01	59

7 아래의 수 중 **91 이하**인 수는 몇 개 일까요?

9.1	910	91.01	19.91	91.00

8 **36 이하**인 수를 수직선에 나타내세요.

34 35 36 37 38 39 40

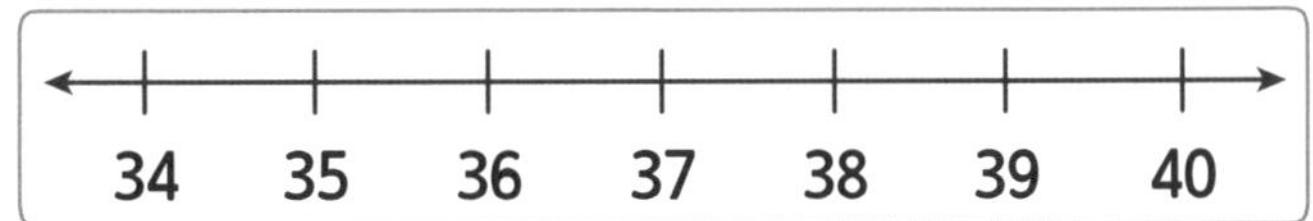

※ 217 이하인 수 : 217을 포함하여 더 작은 수
동그라미를 그리고 더 작은 쪽으로 화살표를 표시하고
동그라미 안에도 색칠 해 주면 이상인 수입니다.

57 초과와 미만

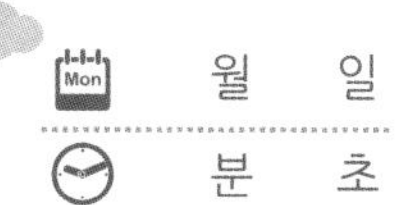

월 일
분 초

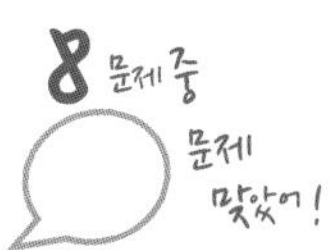

초과 (그 수보다 큰 수)

217 초과인 수 : 217.01, 217.1, 218, 220,...등과 같이 217보다 **큰 수**

214 215 216 217 218 219 220

↑ 제외

미만 (그 수보다 작은 수)

217 미만인 수 : 216.09, 216.9, 216, 215,...등과 같이 217보다 **작은 수**

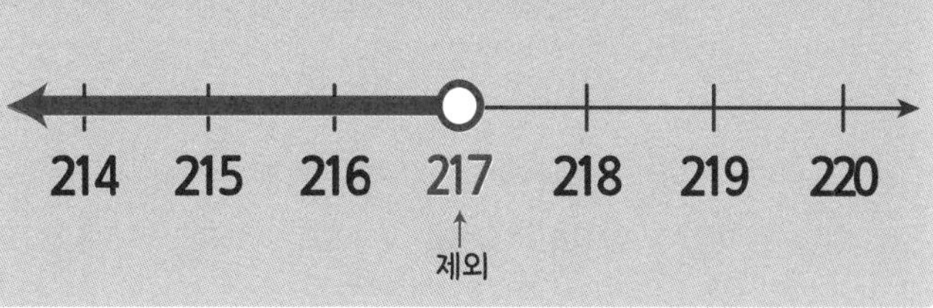

아래는 초과에 대해서 이야기 한 것입니다.
문제를 잘 읽고 알맞은 글이나 수를 적으세요.

1 수의 범위를 표현할 때, 그 수를 **제외**하여 더 **큰** 수를 말할때 그 수 [   ] 인 수라 합니다. **30 초과**인 수에 해당하지 않는 수 중 가장 큰 수는 [   ] 입니다.

이상/초과/이하/미만

2 **59 초과**인 수에 ○표 하세요.

95	60.9	49	59.01	59

3 아래의 수 중 **91 초과**인 수는 몇 개 일까요?

9.1	910	91.01	19.91	91.00

4 **36 초과**인 수를 수직선에 나타내세요.

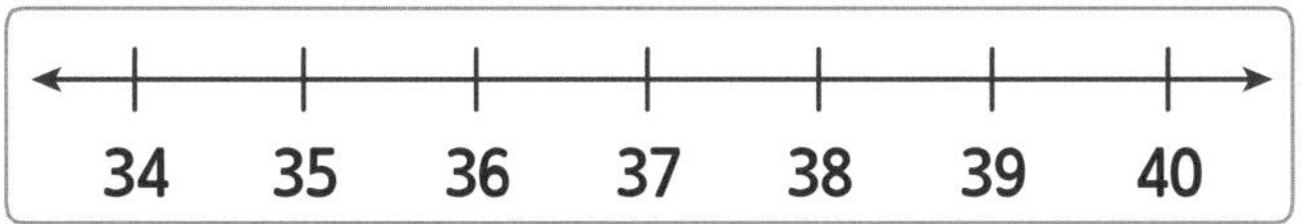

※ 217 초과인 수 : 217 보다 0.0001이라도 더 큰 수
그 수에 동그라미를 그리고 더 큰 쪽으로 화살표를 표시하고 동그라미 안을 비어 놓으면 초과인 수입니다.

아래는 미만에 대해서 이야기 한 것입니다.
문제를 잘 읽고 알맞은 글이나 수를 적으세요.

5 수의 범위를 표현할 때, 그 수를 **제외**하여 더 **작은** 수를 말할때 그 수 [   ] 인 수라 합니다. **30 미만**인 수가 아닌 수 중 가장 작은 수는 [   ] 입니다.

이상/초과/이하/미만

6 **59 미만**인 수에 ○표 하세요.

95	60.9	49	59.01	59

7 아래의 수 중 **91 미만**인 수는 몇 개 일까요?

9.1	910	91.01	19.91	91.00

8 **36 미만**인 수를 수직선에 나타내세요.

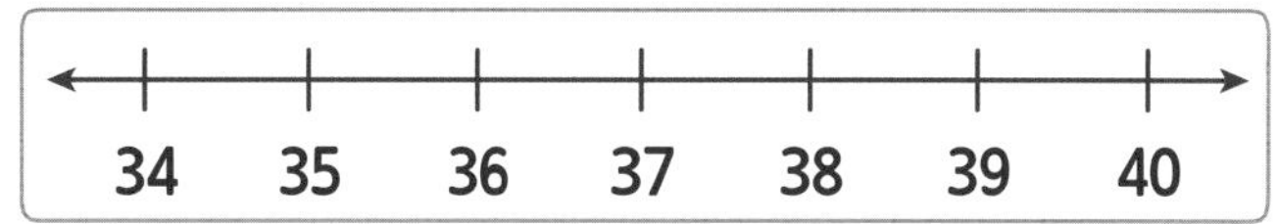

※ 217 미만인 수 : 217 보다 0.00001이라도 더 작은 수
그 수에 동그라미를 그리고 더 작은 쪽으로 화살표를 표시하고 동그라미 안을 비어 놓으면 초과인 수입니다.

58 수의 범위

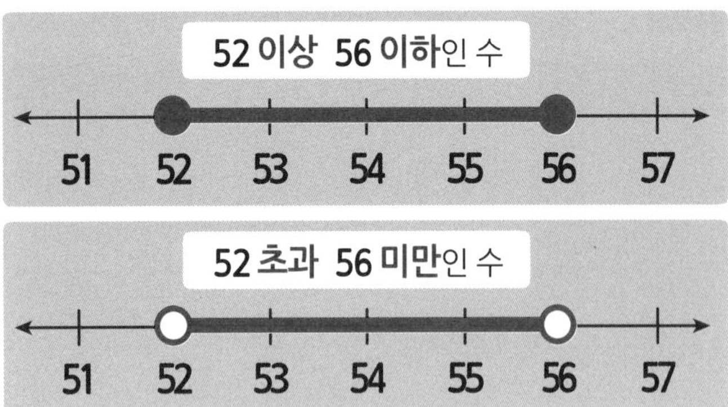

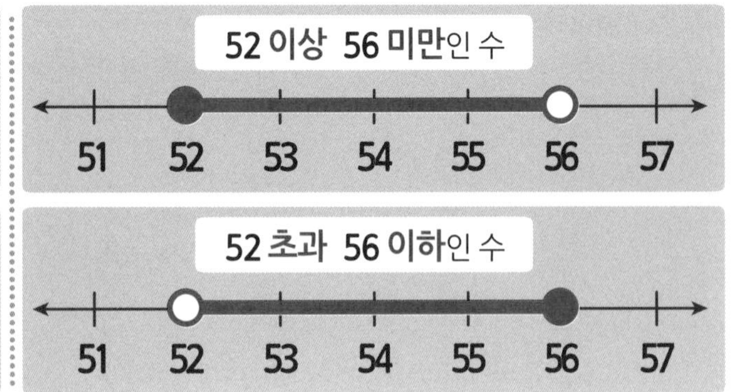

아래의 수의 범위에 대한 문제를 잘 읽고 알맞은 글이나 수를 적으세요.

1 수의 범위를 수직선에 표시할 때, 그 수에 색을 칠하는 것은 [ ] 와 [ ] 이고, 그 수가 포함된다는 것을 나타냅니다. [ ] 와 [ ] 는 동그라미 안에 색을 칠하지 않고, 그 수는 포함하지 않는 것을 나타냅니다.

이상/초과/이하/미만

2 **36 초과 40 이하**인 수를 수직선에 나타내세요.

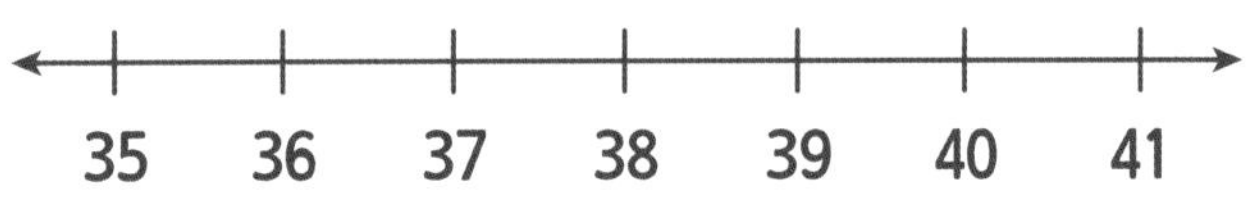

3 **59 이상 61 이하**인 수를 수직선에 나타내세요.

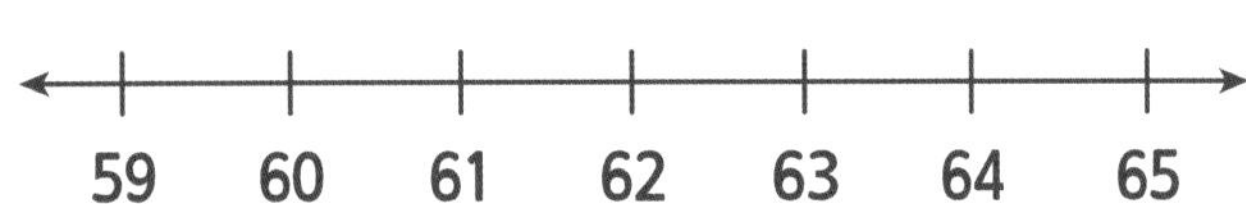

4 **70 초과 85 미만**인 수를 수직선에 나타내세요.

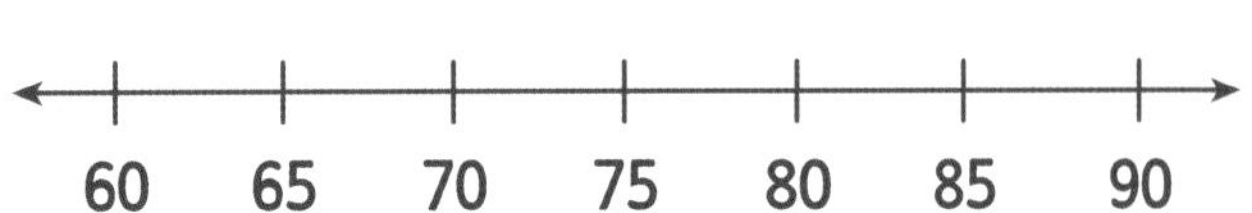

5 **95 이상 101 미만**인 수를 수직선에 나타내세요.

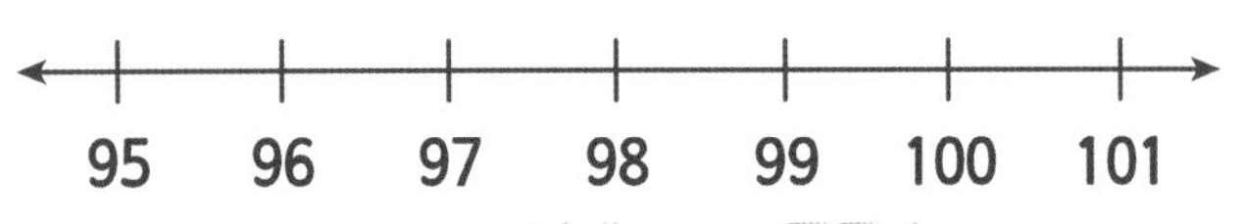

6 아래의 수 중 **18 이상 40 미만**인 수에 ○표 하세요.

48	18	39	18.01	400	4.01	40

7 아래의 수 중 **91 초과 119 이하**인 수는 몇 개 일까요?

91	100.01	120	59.1	91.01	119	118.9

8 아래의 수 중 **29.1 이상 53.9 이하**인 수는 몇 개 일까요?

29	43.92	30.8	29.10	539	53.9	53.99

9 **89 이상 93 미만**인 자연수를 모두 적으세요.

10 **60 초과 72 이하**인 자연수는 모두 몇 개 일까요?

 이어서 나는 [ ] 을(를) 공부/연습할거야!!

59 어림하기 (올림/내림)

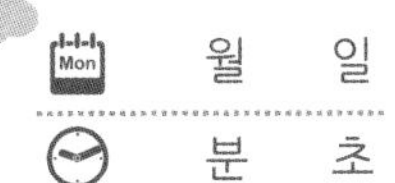

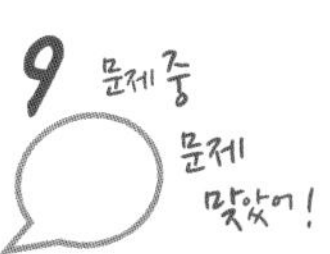

어림하기 : 대략, 대강 짐작하여 헤아리다, 눈대중하다. (290~310명일때 → 300명쯤 됩니다.)

301 올림하여 나타내기

십의 자리까지 나타내기

301 ➡ 310 — 십의 자리 미만의 수가 0이 아니면 십의 자리로 무조건 올립니다.

백의 자리까지 나타내기

301 ➡ 400 — 백의 자리 미만의 수가 0이 아니면 백의 자리로 무조건 올립니다.

2991 내림하여 나타내기

백의 자리까지 나타내기

2991 ➡ 2900 — 백의 자리 미만의 수는 무조건 버리고 0으로 만듭니다.

천의 자리까지 나타내기

2991 ➡ 2000 — 천의 자리 미만의 수는 무조건 버리고 0으로 만듭니다.

지정한 수를 지정한 자리수에서 어림하여 나타 내세요.

1 **올림**이나 **내림**하여 **십**의 자리까지 나타내려면 ☐ 의 자리에서 어림해야 하고, **백**의 자리까지 나타내려면 ☐ 의 자리에서 어림해야 합니다.

2 13610 을 **올림**하여 **천**의 자리까지 나타내세요.

3 13610 을 **십**의 자리에서 **올림**한 수를 적으세요.

4 13610 의 **만**의 자리 미만의 수를 **올림**한 수를 적으세요.

5 13610 을 **내림**하여 **천**의 자리까지 나타내세요.

6 13610 을 **십**의 자리에서 **내림**한 수를 적으세요.

7 13610 의 **만**의 자리 미만의 수를 **내림**한 수를 적으세요.

8 수를 **올림**하여 빈칸에 써 넣으세요.

수	십의 자리까지	백의 자리에서
5961		
2485		
69517		
20001		
199770		

9 아래의 수를 지정한 방법으로 **내림**하여 나타내세요.

수	십의 자리까지	백의 자리에서
5961		
2485		
69517		
20001		
199770		

60 어림하기 (반올림)

월 일
분 초

반올림하기 : 바로 아래의 수가 (10의 반인) 5보다 작으면 내림하고, 이상이면 올림해 줍니다.

반올림하는 방법

어림해야 되는 수가
0,1,2,3,4 ➡ 내림합니다. (버려서 0을 만듭니다.)

어림해야 되는 수가
5,6,7,8,9 ➡ 올림합니다. (위로 1을 올립니다.)

1546 반올림하여 나타내기

백의 자리까지 나타내기
1546 ➡ 1500 십의 자리수가 4이므로 5보다 작아서 버립니다.

천의 자리까지 나타내기
1544 ➡ 2000 천의 자리 바로 밑의 자리수가 5 이상이므로 올림 해 줍니다.

지정한 수를 지정한 자리수에서 반올림하여 나타 내세요.

1 **반올림**하여 **십**의 자리까지 나타내려면 ☐ 의 자리에서 반올림해야 하고, **백**의 자리까지 나타내려면 ☐ 의 자리에서 반올림해야 하고, **천**의 자리 미만을 반올림하려면 ☐ 의 자리에서 반올림해야 합니다.

2 35408 을 **반올림**하여 **백**의 자리까지 나타내세요.

3 35408 을 **백**의 자리에서 **반올림**한 수를 적으세요.

4 35408 의 **천**의 자리 미만의 수를 **반올림**하여 적으세요.

5 35408 을 **반올림**하여 **만**의 자리까지 나타내세요.

6 수를 **반올림**하여 빈칸에 써 넣으세요.

수	십의 자리까지	백의 자리에서
5961		
2485		
69517		
20001		
199770		

7 아래의 수를 **올림**, **버림**, **반올림**하여 **천**의 자리까지 나타내세요

수	올림	내림	반올림
5377			
8951			
90542			
59001			
654545			

 이어서 나는 ☐ 을(를) 공부/연습할거야!!

확인 (틀린 문제의 수를 적고, 약한 부분을 보충하세요.)

회차	틀린문제수
56 회	문제
57 회	문제
58 회	문제
59 회	문제
60 회	문제

생각해보기

앞에서 배운 5회차 내용이 모두 이해 되었나요?

1. 모두 이해되고 자신있다. → 다음 회로 넘어 갑니다.

2. 2~3문제 틀릴 수는 있겠지만 거의 이해한다.
→ 개념부분을 한번 더 읽고 다음 회로 넘어 갑니다.

3. 잘 모르는 것 같다.
→ 개념부분과 틀린문제를 한번 더 보고 다음 회로 넘어 갑니다.

틀린 문제가 있었다면 왜 틀렸을거라고 생각합니까?

1. 개념 설명이 어려워서 잘 모르겠다. 2. 다 아는데 실수한 것 같다.

3. 빨리 끝내고 싶어서 집중할 수가 없다. 4. 하기 싫어서....

오답노트 (앞에서 틀린 문제나 기억하고 싶은 문제를 적습니다.)

회 번	
문제	풀이

회 번	
문제	풀이

회 번	
문제	풀이

회 번	
문제	풀이

회 번	
문제	풀이

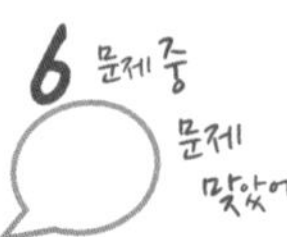

61 분모가 같은 대분수의 덧셈 (1)

월 일
분 초

자연수는 자연수끼리, **분자**는 분자끼리 **더**합니다.

$2\frac{1}{3}+1\frac{1}{3}=(2+1)+\frac{1+1}{3}=3\frac{2}{3}$

① 자연수끼리 ② 분자끼리 ③ 분모는 그대로

분수부분이 가분사가 되면 꼭 **진분수**로 **바꿔** 줍니다.

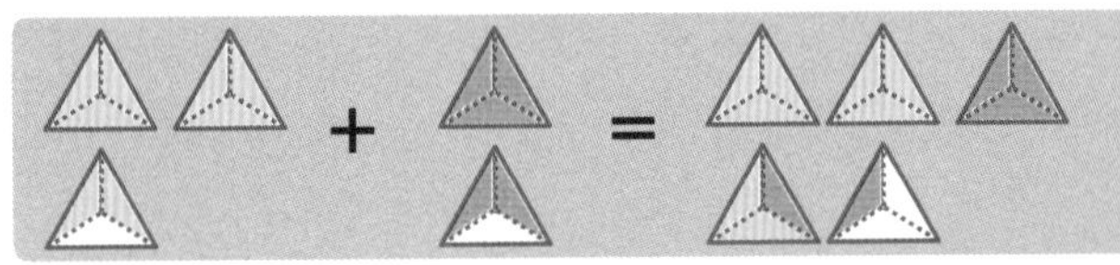

$2\frac{2}{3}+1\frac{2}{3}=(2+1)+\frac{2+2}{3}=3\frac{4}{3}=4\frac{1}{3}$

분수 부분의 값이 가분수로 나오면 반드시 꼭 진분수로 바꿔줘야 합니다

아래의 그림을 완성하고, 분수의 덧셈을 계산해 보세요. (분수 부분이 가분수이면 반드시 진분수로 바꿔야 합니다.)

1

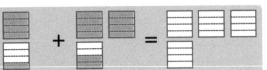

$1\frac{1}{4}+2\frac{2}{4}=(\square+\square)+\frac{\square+\square}{\square}=\square\frac{\square}{\square}$

2

$2\frac{3}{5}+2\frac{1}{5}=(\square+\square)+\frac{\square+\square}{\square}=\square\frac{\square}{\square}$

3

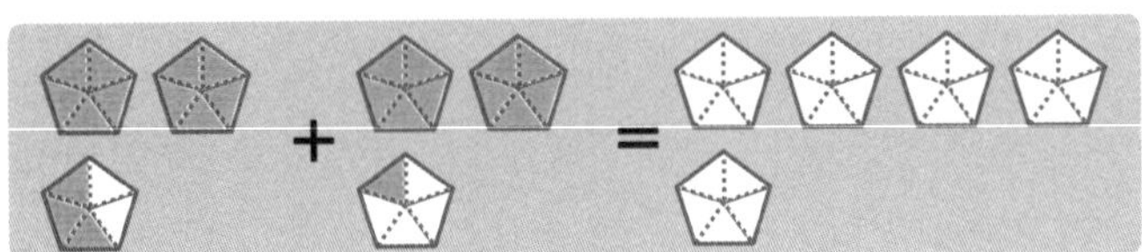

$3\frac{1}{6}+1\frac{2}{6}=(\square+\square)+\frac{\square+\square}{\square}=\square\frac{\square}{\square}$

4

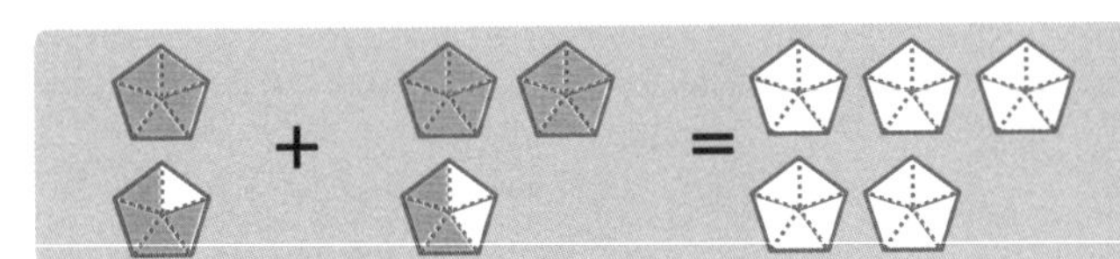

$1\frac{4}{5}+2\frac{3}{5}=(\square+\square)+\frac{\square+\square}{\square}$

$=\square\frac{\square}{\square}=\square\frac{\square}{\square}$

5

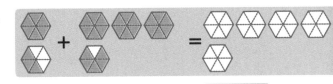

$1\frac{3}{6}+3\frac{5}{6}=\square+\square+\frac{\square+\square}{\square}$

$=\square\frac{\square}{\square}=\square\frac{\square}{\square}$

6 $3\frac{7}{9}+4\frac{8}{9}=\square+\square+\frac{\square+\square}{\square}$

$=\square\frac{\square}{\square}=\square\frac{\square}{\square}$

※ 분수부분의 값은 반드시 진분수로 바꿔줘야 합니다. 바꾸지 않으면 (계산이 끝난것이 아니므로) 틀린 답이 됩니다.

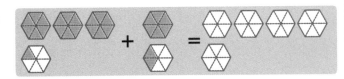

 이어서 나는 ______ 을(를) 공부/연습할거야!!

62 분모가 같은 대분수의 덧셈 (연습1)

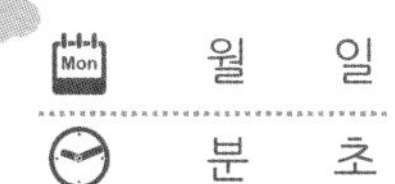

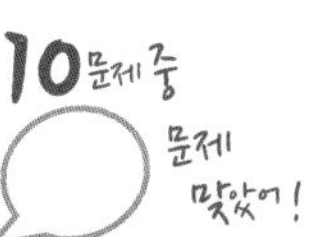

아래의 그림을 완성하고, 분수의 덧셈을 계산해 보세요. (분수 부분이 가분수이면 반드시 진분수로 바꿔야 합니다.)

1 $3\frac{1}{5}+1\frac{2}{5}=(\square+\square)+\frac{\square+\square}{\square}=\square\frac{\square}{\square}$

2 $1\frac{3}{7}+\frac{2}{7}=$

3 $5\frac{4}{9}+3\frac{2}{9}=$

4 $4\frac{2}{6}+2\frac{2}{6}=$

5 $3\frac{5}{8}+2\frac{2}{8}=$

6 $2\frac{2}{5}+1\frac{4}{5}=(\square+\square)+\frac{\square+\square}{\square}$

$=\square\frac{\square}{\square}=\square\frac{\square}{\square}$

7 $2\frac{4}{6}+\frac{5}{6}=$

8 $1\frac{7}{9}+2\frac{4}{9}=$

9 $3\frac{3}{7}+1\frac{5}{7}=$

10 $4\frac{3}{4}+3\frac{2}{4}=$

※ 분수부분의 값은 꼭 반드시 진분수로 바꿔줘야 합니다. 바꾸지 않으면 (계산이 끝난것이 아니므로) 틀린 답이 됩니다.

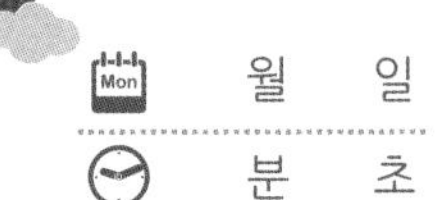
월 일
분 초

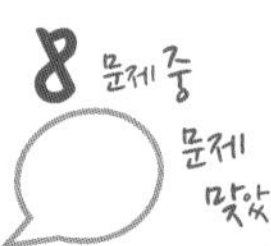

앞에서 배운 데로
① **자연수**는 자연수끼리, **분자**는 분자끼리 **더**합니다.

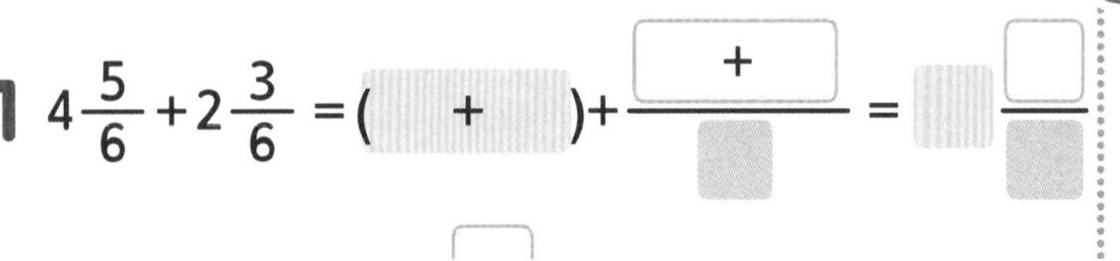

$2\frac{2}{3}+1\frac{2}{3}=(2+1)+\frac{2+2}{3}=3\frac{4}{3}=4\frac{1}{3}$

(① 자연수끼리, ② 분모는 그대로, ③ 분자끼리)

② **가분수**로 **바꾸어 더**합니다.

$2\frac{2}{3}+1\frac{2}{3}=\frac{8}{3}+\frac{5}{3}$ (2×3+2, 1×3+2)

$=\frac{8+5}{3}=\frac{13}{3}=4\frac{1}{3}$ (13÷3=4⋯1)

마지막에 가분수를 대분수로 바꿔줍니다.

자연수끼리, 분자끼리 더하는 방법으로 풀어보세요.

1 $4\frac{5}{6}+2\frac{3}{6}=(\square+\square)+\frac{\square+\square}{\square}=\square\frac{\square}{\square}$

$=\square\frac{\square}{\square}$

2 $2\frac{2}{5}+1\frac{4}{5}=$

3 $1\frac{5}{7}+5\frac{4}{7}=$

4 $3\frac{3}{4}+3\frac{2}{4}=$

소리내 풀기 가분수로 바꾸어 더하는 방법으로 풀어보세요.

5 $4\frac{5}{6}+2\frac{3}{6}=\frac{\square}{\square}+\frac{\square}{\square}$

$=\frac{\square+\square}{6}=\square=\square$

6 $2\frac{2}{5}+1\frac{4}{5}=$

7 $1\frac{5}{7}+5\frac{4}{7}=$

8 $3\frac{3}{4}+3\frac{2}{4}=$

※ 1~4번 문제와 5~8번 문제는 같은 문제입니다. 꼭 푸는 방법을 다르게 하여 풀어보고, 나는 어떻게 푸는 방법이 쉬운지 생각해 봅니다.

※ 분수부분의 값은 반드시 진분수로 바꿔줘야 합니다. 바꾸지 않으면 (계산이 끝난것이 아니므로) 틀린 답이 됩니다.

이어서 나는 ______ 을(를) 공부/연습할거야!!

64 분모가 같은 대분수의 덧셈 (연습2)

월 일
분 초

10 문제 중 문제 맞았어!

자연수끼리, 분자끼리 더하는 방법으로 풀어보세요.

1 $3\frac{3}{6}+1\frac{5}{6}=(\quad+\quad)+\frac{\square+\square}{\square}=\square\frac{\square}{\square}$
$=\square\frac{\square}{\square}$

2 $1\frac{4}{5}+2\frac{3}{5}=$

3 $\frac{5}{7}+5\frac{2}{7}=$

4 $2\frac{3}{4}+\frac{2}{4}=$

5 $1\frac{5}{8}+4\frac{3}{8}=$

가분수로 바꾸어 더하는 방법으로 풀어보세요.

6 $2\frac{5}{7}+4\frac{3}{7}=\frac{\square}{\square}+\frac{\square}{\square}$
$=\frac{\square+\square}{7}=\square=\square$

7 $3\frac{1}{3}+2\frac{2}{3}=$

8 $7\frac{2}{6}+\frac{5}{6}=$

9 $5\frac{2}{5}+\frac{4}{5}=$

10 $1\frac{7}{9}+3\frac{8}{9}=$

※ 문제에서 제시한 방법으로 풀어보고, 나는 어떻게 푸는 방법이 쉬운지 생각해 봅니다.

※ 분수부분의 값이 가분수이면 반드시 진분수로 바꿔줘야 합니다. 바꾸지 않으면 (계산이 끝난것이 아니므로) 틀린 답이 됩니다.

이어서 나는 [　　] 을(를) 공부/연습할거야!!

65 분수의 덧셈 (생각문제)

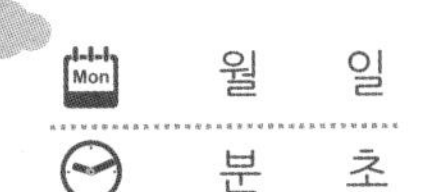

월 일
분 초

문제) 색 테이프를 정훈이는 $2\frac{4}{7}$ m, 영지는 $3\frac{5}{7}$m 가지고 있습니다. 두 사람은 모두 몇 m의 색테이프를 가지고 있을까요?

풀이) 정훈이 색 테이프 = $2\frac{4}{7}$ m 영지 색 테이프 = $3\frac{5}{7}$ m

전체 색테이프 = 정훈이 색테이프 + 영지 색테이프 이므로

식은 $2\frac{4}{7}+3\frac{5}{7}$ 이고 값은 $6\frac{2}{7}$ m 입니다.

식) $2\frac{4}{7} + 3\frac{5}{7}$ 답) $6\frac{2}{7}$

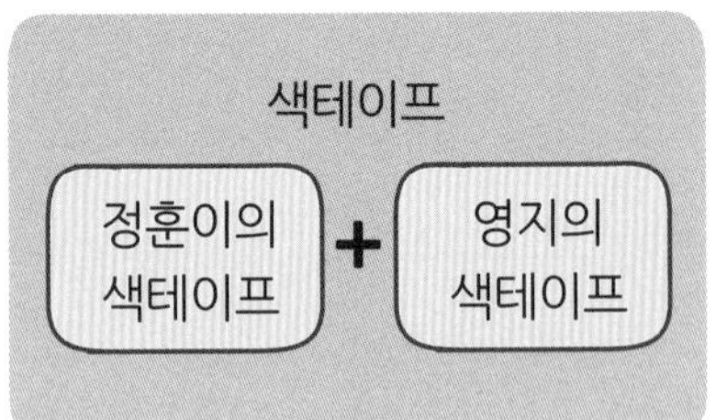

아래의 문제를 풀어보세요.

1 우유 4통을 사서 어제 $2\frac{2}{3}$통을 마시고, 오늘 $1\frac{1}{3}$통을 마셨습니다. 어제와 오늘 마신 우유는 모두 몇 통 일까요?

(식 2점 답 1점)

풀이)

식) ________ 답) ______ 통

2 우리집에서 학교까지는 $1\frac{4}{5}$ km입니다. 집에서 학교까지 걸어 갔다 다시오면 몇 km를 걸은 걸까요?

(식 2점 답 1점)

풀이)

식) ________ 답) ______ km

3 시장에서 고구마 $1\frac{1}{6}$Kg과 감자 $3\frac{4}{6}$Kg를 사서 봉투에 담았습니다. 봉투는 몇 kg일까요?

(식 2점 답 1점)

풀이)

식) ________ 답) ______ kg

4 내가 문제를 만들어 풀어 봅니다. (대분수 + 대분수)

(문제 2점 식 2점 답 2점)

풀이)

식) ________ 답) ______

이어서 나는 ______ 을(를) 공부/연습할거야!!

확인 (틀린 문제의 수를 적고, 약한 부분을 보충하세요.)

회차	틀린문제수
61 회	문제
62 회	문제
63 회	문제
64 회	문제
65 회	문제

생각해보기

앞에서 배운 5회차 내용이 모두 이해 되었나요?

1. 모두 이해되고 자신있다. → 다음 회로 넘어 갑니다.

2. 2~3문제 틀릴 수는 있겠지만 거의 이해한다.
 → 개념부분을 한번 더 읽고 다음 회로 넘어 갑니다.

3. 잘 모르는 것 같다.
 → 개념부분과 틀린문제를 한번 더 보고 다음 회로 넘어 갑니다.

틀린 문제가 있었다면 왜 틀렸을거라고 생각합니까?

1. 개념 설명이 어려워서 잘 모르겠다. 2. 다 아는데 실수한 것 같다.

3. 빨리 끝내고 싶어서 집중할 수가 없다. 4. 하기 싫어서....

오답노트 (앞에서 틀린 문제나 기억하고 싶은 문제를 적습니다.)

회 번	
문제	풀이

회 번	
문제	풀이

회 번	
문제	풀이

회 번	
문제	풀이

회 번	
문제	풀이

66 분모가 같은 대분수의 뺄셈 (1)

월 일
분 초

8 문제 중 문제 맞았어요

자연수는 자연수끼리, **분자**는 분자끼리 **빼** 줍니다.

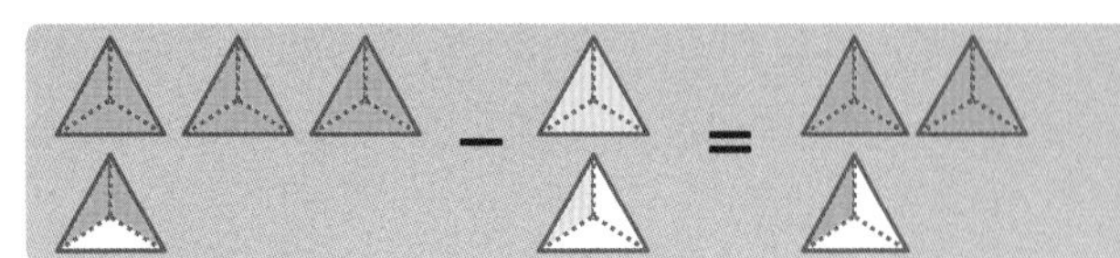

$3\frac{2}{3} - 1\frac{1}{3} = (3 - 1) + \frac{2-1}{3} = 2\frac{1}{3}$

① 자연수끼리 ② 분자끼리 ③ 분모는 그대로

자연수에서 **1** 만큼 **가분수**로 만들어 **빼** 줍니다.

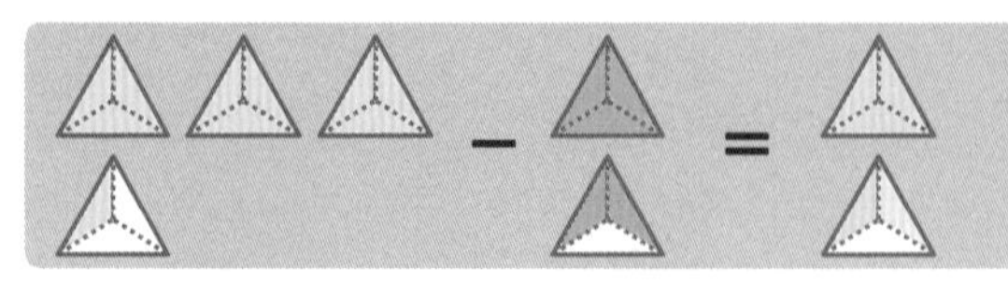

$3\frac{1}{3} - 1\frac{2}{3} = 2\frac{4}{3} - 1\frac{2}{3} = 1\frac{2}{3}$

1에서 2를 뺄 수 없으므로
자연수의 1을 빌려 가분수로 만들어 줍니다.

아래의 그림에서 × 표 해서 빼보고, 분수의 뺄셈을 계산해 보세요.

1

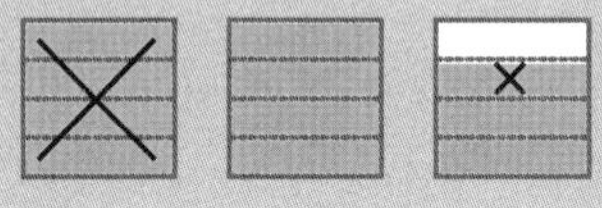

$2\frac{3}{4} - 1\frac{1}{4} = (\quad - \quad) + \frac{\square - \square}{\square} = \square\frac{\square}{\square}$

2

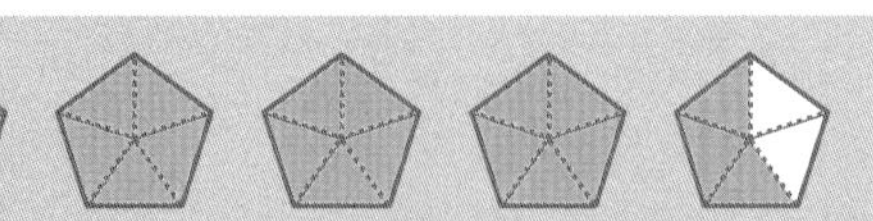

$4\frac{3}{5} - 2\frac{2}{5} = (\quad - \quad) + \frac{\square - \square}{\square} = \square\frac{\square}{\square}$

3

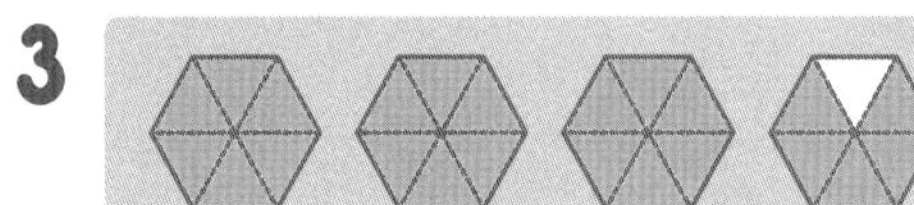

$3\frac{5}{6} - \frac{1}{6} = (\quad - \quad) + \frac{\square - \square}{\square} = \square\frac{\square}{\square}$

4 $1\frac{7}{9} - 1\frac{5}{9} = (\quad - \quad) + \frac{\square - \square}{\square} = \square\frac{\square}{\square}$

5

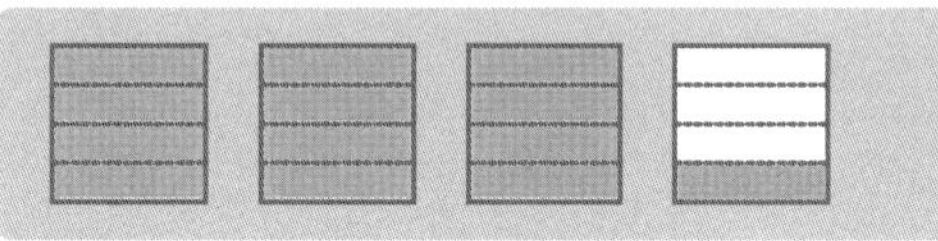

$3\frac{1}{4} - 2\frac{2}{4} = \square\frac{\square}{\square} - 2\frac{2}{4} = \square\frac{\square}{\square}$

6

$4\frac{3}{5} - \frac{4}{5} = \square\frac{\square}{\square} - \frac{4}{5} = \square\frac{\square}{\square}$

7

$4\frac{3}{6} - 1\frac{4}{6} = \square\frac{\square}{\square} - 1\frac{4}{6} = \square\frac{\square}{\square}$

8 $2\frac{1}{7} - 1\frac{3}{7} = \square\frac{\square}{\square} - 1\frac{3}{7} = \square\frac{\square}{\square}$

월 일
분 초

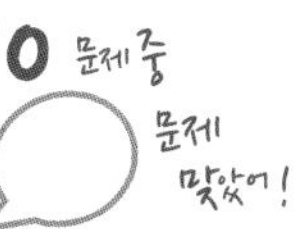

아래의 그림을 완성하고, 분수의 덧셈을 계산해 보세요.

1 $3\frac{3}{5}-2\frac{2}{5}=(\square-\square)+\frac{\square-\square}{\square}=\square\frac{\square}{\square}$

2 $4\frac{3}{7}-1\frac{2}{7}=$

3 $2\frac{4}{9}-2\frac{2}{9}=$

4 $3\frac{2}{6}-1\frac{2}{6}=$

5 $1\frac{5}{8}-\frac{2}{8}=$

6 $5\frac{3}{5}-4\frac{4}{5}=\square\frac{\square}{\square}-4\frac{4}{5}=\square\frac{\square}{\square}$

7 $7\frac{1}{6}-3\frac{5}{6}=$

8 $8\frac{4}{9}-1\frac{7}{9}=$

9 $4\frac{2}{7}-3\frac{4}{7}=$

10 $3\frac{1}{4}-1\frac{3}{4}=$

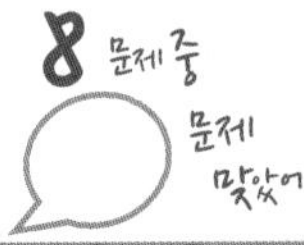

68 분모가 같은 분수의 뺄셈 (2)

월 일 / 분 초

8 문제 중 문제 맞았어

소리내 읽기

① 자연수에서 1 만큼 가분수로 만들어 빼 줍니다.

$3\frac{1}{3}-1\frac{2}{3}=2\frac{4}{3}-1\frac{2}{3}=1\frac{2}{3}$

1에서 2를 뺄 수 없으므로
자연수의 1을 빌려 가분수로 만들어 줍니다.

② 자연수 부분을 모두 가분수로 바꾸어 빼 줍니다.

$3\frac{1}{3}-1\frac{2}{3}=\frac{10}{3}-\frac{5}{3}$ (3×3+1, 1×3+2)

$=\frac{10-5}{3}=\frac{5}{3}=1\frac{2}{3}$

마지막에 가분수를 대분수로
바꿔줍니다.

소리내 풀기 자연수에서 1을 내려 가분수로 만들어 계산하세요.

1 $5\frac{1}{6}-2\frac{3}{6}=\square\frac{\square}{\square}-2\frac{3}{6}=\square\frac{\square}{\square}$

2 $4\frac{3}{5}-3\frac{4}{5}=$

3 $3\frac{2}{7}-1\frac{4}{7}=$

4 $2\frac{1}{4}-1\frac{3}{4}=$

소리내 풀기 모두 가분수로 바꾸어 빼는 방법으로 풀어보세요.

5 $5\frac{1}{6}-2\frac{3}{6}=\frac{\square}{\square}-\frac{\square}{\square}$

$=\frac{\square-\square}{6}=\square=\square$

6 $4\frac{3}{5}-3\frac{4}{5}=$

7 $3\frac{2}{7}-1\frac{4}{7}=$

8 $2\frac{1}{4}-1\frac{3}{4}=$

※ 1~4번 문제와 5~8번 문제는 같은 문제입니다. 꼭 푸는 방법을 다르게 하여 풀어보고, 나는 어떻게 푸는 방법이 쉬운지 생각해 봅니다.

69 분모가 같은 대분수의 뺄셈 (연습2)

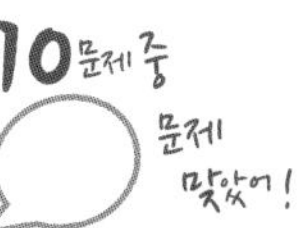

자연수에서 1을 내려 가분수로 만들어 계산하세요.

1 $4\frac{2}{7}-2\frac{5}{7}=\square\frac{\square}{\square}-2\frac{5}{7}=\square\frac{\square}{\square}$

2 $7\frac{2}{9}-1\frac{7}{9}=$

3 $3\frac{2}{5}-1\frac{4}{5}=$

4 $6\frac{1}{4}-3\frac{2}{4}=$

5 $8\frac{1}{3}-\frac{2}{3}=$

소리내 풀기 모두 가분수로 바꾸어 빼는 방법으로 풀어보세요.

6 $7\frac{4}{9}-1\frac{5}{9}=\frac{\square}{\square}-\frac{\square}{\square}=\frac{\square-\square}{9}=\square=\square$

7 $5\frac{3}{8}-1\frac{4}{8}=$

8 $4\frac{1}{6}-2\frac{5}{6}=$

9 $5\frac{1}{13}-3\frac{7}{13}=$

10 $2\frac{16}{21}-\frac{11}{21}=$

※ 문제에서 제시한 방법으로 풀어보고, 나는 어떻게 푸는 방법이 쉬운지 생각해 봅니다.

※ 분수부분의 값이 가분수이면 반드시 진분수로 바꿔줘야 합니다. 바꾸지 않으면 (계산이 끝난것이 아니므로) 틀린 답이 됩니다.

이어서 나는 ______ 을(를) 공부/연습할거야!!

70 분수의 뺄셈 (생각문제)

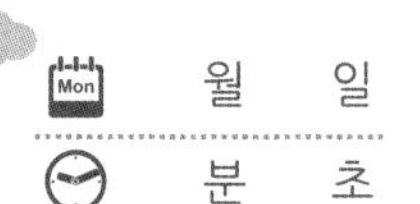

문제) 색 테이프를 5m 사서 어제 $2\frac{4}{7}$ m를 사용하였다면 남은 색테이프는 몇 m일까요?

풀이) 처음 색 테이프 = 5 m 사용한 색 테이프 = $2\frac{4}{7}$ m

남은 색 테이프 = 처음 색 테이프 – 사용한 색 테이프 이므로

식은 $5 - 2\frac{4}{7}$ 이고 값은 $2\frac{3}{7}$ m 입니다.

식) $5 - 2\frac{4}{7}$ 답) $2\frac{3}{7}$

색테이프

처음 산 색 테이프 – 사용한 색 테이프

아래의 문제를 풀어보세요.

1 우유 4통을 사서 $2\frac{2}{3}$ 통을 마셨습니다. 지금은 우유가 얼마나 남았을까요?

(식 2점 답 1점)

풀이)

식) ______ 답) ______ 통

2 우리집에서 학교까지는 $2\frac{1}{5}$ km입니다. 집에서 학교까지 $1\frac{4}{5}$ km만큼 걸어 왔다면 남은 거리는 몇 km일까요?

(식 2점 답 1점)

풀이)

식) ______ 답) ______ km

3 어떤 상자를 가득 채우면 $3\frac{1}{6}$ Kg이 된다고 합니다. 현재 $1\frac{5}{6}$ Kg이 있다면, 몇 kg이 더 있어야 상자를 다 채울까요?

(식 2점 답 1점)

풀이)

식) ______ 답) ______ kg

4 내가 문제를 만들어 풀어 봅니다. (대분수 – 대분수)

(문제 2점 식 2점 답 2점)

풀이)

식) ______ 답) ______

 이어서 나는 ______ 을(를) 공부/연습할거야!!

확인 (틀린 문제의 수를 적고, 약한 부분을 보충하세요.)

회차	틀린문제수
66 회	문제
67 회	문제
68 회	문제
69 회	문제
70 회	문제

생각해보기

앞에서 배운 5회차 내용이 모두 이해 되었나요?

1. 모두 이해되고 자신있다. → 다음 회로 넘어 갑니다.

2. 2~3문제 틀릴 수는 있겠지만 거의 이해한다.
→ 개념부분을 한번 더 읽고 다음 회로 넘어 갑니다.

3. 잘 모르는 것 같다.
→ 개념부분과 틀린문제를 한번 더 보고 다음 회로 넘어 갑니다.

틀린 문제가 있었다면 왜 틀렸을거라고 생각합니까?

1. 개념 설명이 어려워서 잘 모르겠다. 2. 다 아는데 실수한 것 같다.

3. 빨리 끝내고 싶어서 집중할 수가 없다. 4. 하기 싫어서....

오답노트 (앞에서 틀린 문제나 기억하고 싶은 문제를 적습니다.)

회 번	
문제	풀이

회 번	
문제	풀이

회 번	
문제	풀이

회 번	
문제	풀이

회 번	
문제	풀이

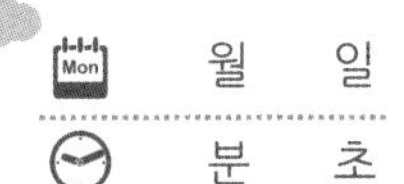
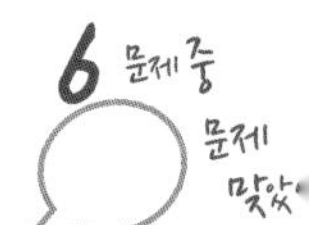

71 분수의 덧셈과 뺄셈 (연습1)

소리내 풀기 아래 분수를 계산하여 값을 구하세요.

1 $1\frac{1}{5}+\frac{2}{5}+5\frac{3}{5}=$ □

2 $2\frac{1}{4}+1\frac{2}{4}-2\frac{2}{4}=$ □

3 $\frac{2}{7}+3\frac{4}{7}-1\frac{3}{7}=$ □

4 $5\frac{3}{9}-3\frac{7}{9}+2\frac{4}{9}=$ □

5 $3\frac{5}{6}-\frac{3}{6}+2\frac{5}{6}=$ □

6 $4\frac{1}{3}-2\frac{2}{3}-\frac{2}{3}=$ □

※ 분수 3개의 계산도 앞의 두개를 계산한 값에 3번째 분수를 계산합니다.

※ 모든 계산이 끝난 후에 분수부분을 진분수로 바꿔 주는 것이 편합니다.

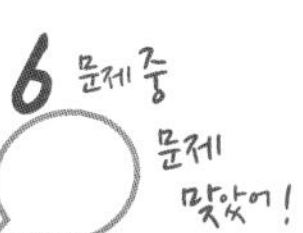

72 분수의 덧셈과 뺄셈 (연습2)

월 일
분 초

아래 분수를 계산하여 값을 구하세요.

1 $3\frac{1}{3}+1\frac{2}{3}+\frac{1}{3}=$ ☐

4 $4\frac{2}{7}-3\frac{1}{7}+1\frac{5}{7}=$ ☐

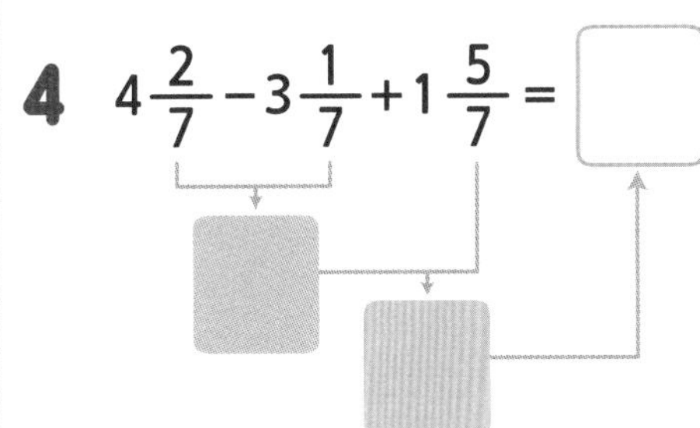

2 $2\frac{2}{6}+2\frac{3}{6}-4\frac{3}{6}=$ ☐

5 $5\frac{4}{8}-1\frac{5}{8}+4\frac{3}{8}=$ ☐

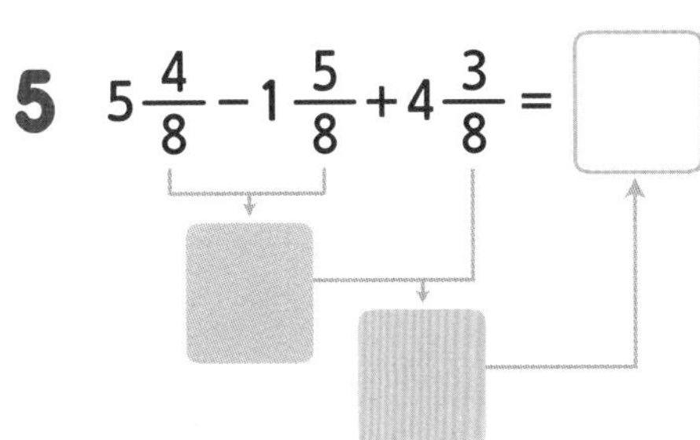

3 $4\frac{4}{9}+\frac{3}{9}-2\frac{1}{9}=$ ☐

6 $7\frac{1}{20}-2\frac{11}{20}-2\frac{9}{20}=$ ☐

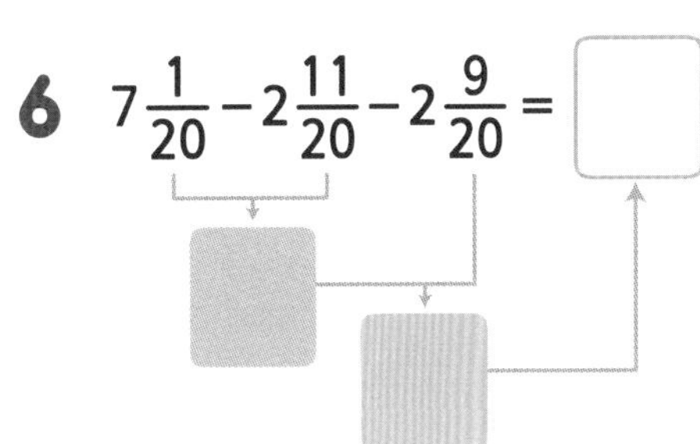

※ 분수 3개의 계산도 자연수끼리, 분자부분끼리 한번에 계산하면 빠르지만, 지금은 순서대로 계산해 보도록 합니다.

아래 문제를 풀어서 값을 빈칸에 적으세요.

1

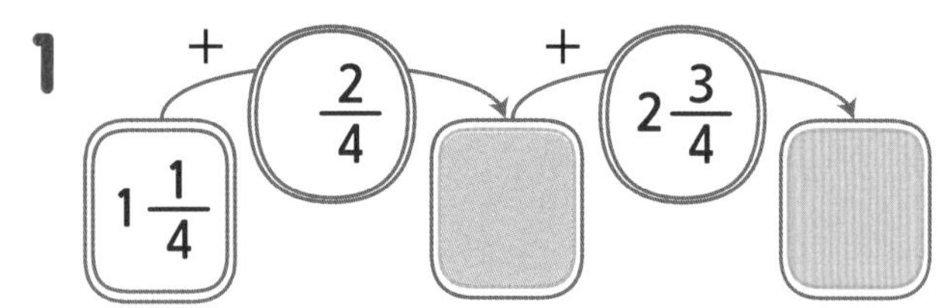

2

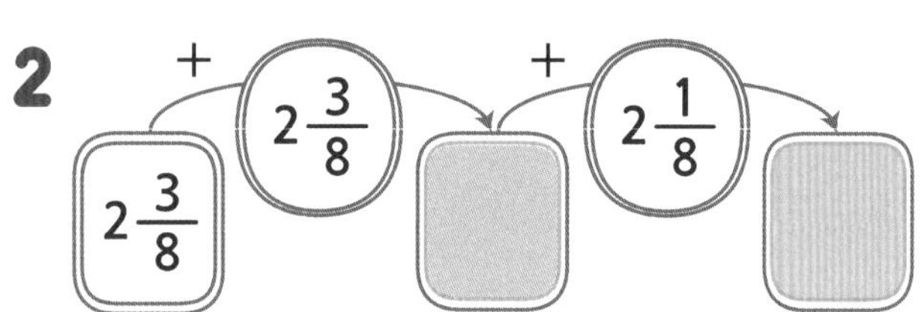

3

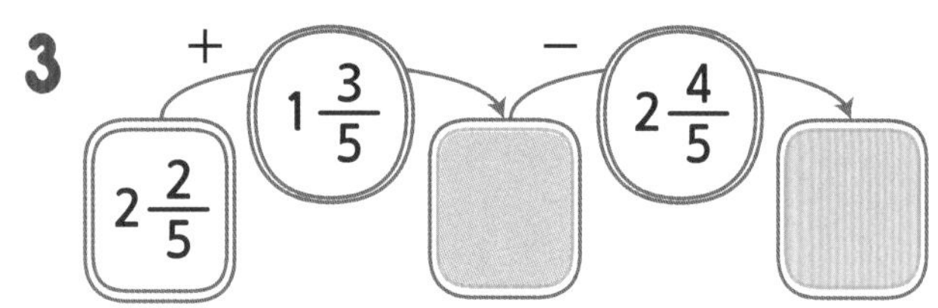

4

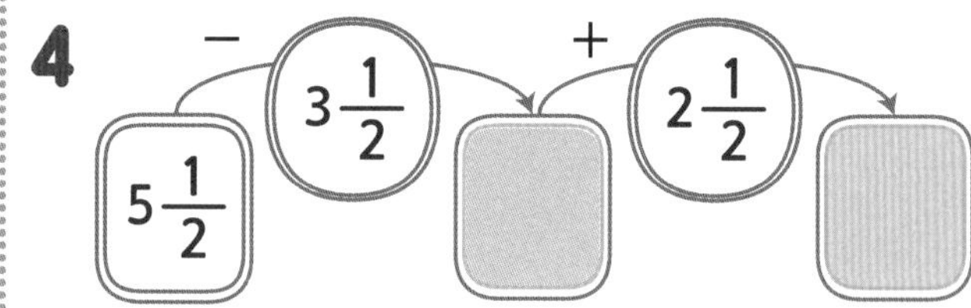

5

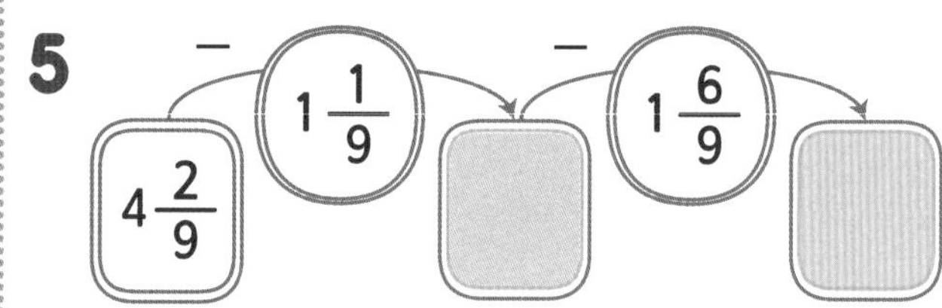

6

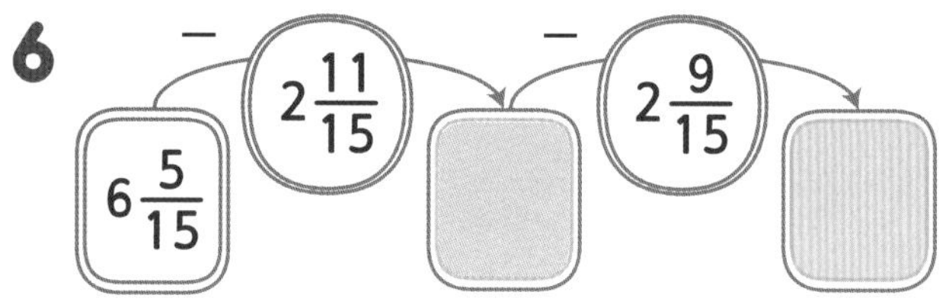

※ 분수 3개의 계산도 앞 2개의 분수를 먼저 계산한 값에 3번째 분수를 계산합니다.

※ 모든 계산이 끝난 후에 분수부분을 진분수로 바꿔 주는 것이 편합니다.

74 분수의 덧셈과 뺄셈 (연습4)

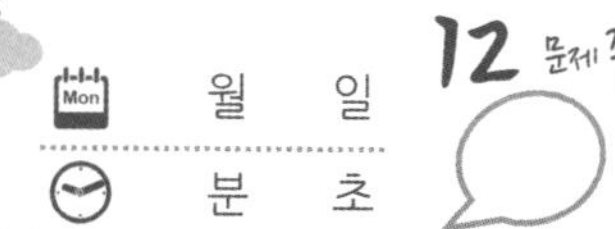

리내 풀기 위의 숫자가 아래의 통에 들어가면 나오는 수를 계산해서 ▢에 적으세요.

1 $1\frac{2}{3}$

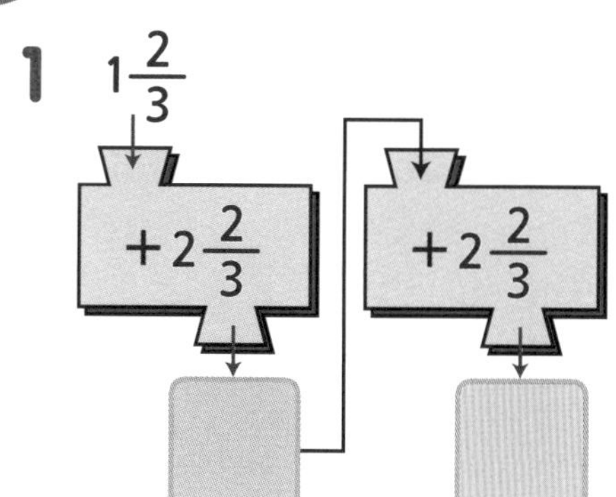

2 $\frac{4}{5}$

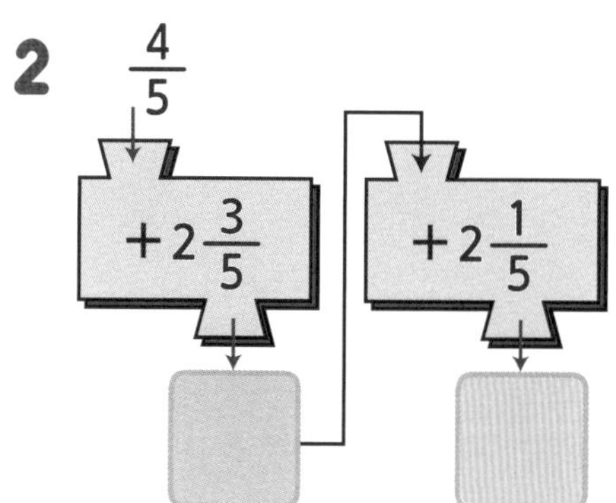

3 $5\frac{1}{8}$

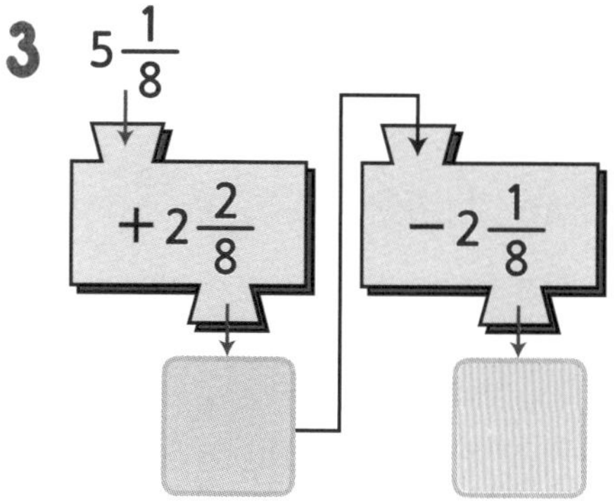

4 $4\frac{2}{4}$

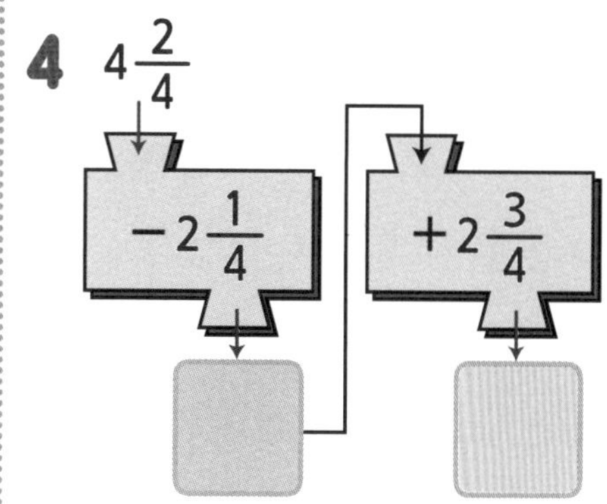

5 $9\frac{3}{4}$

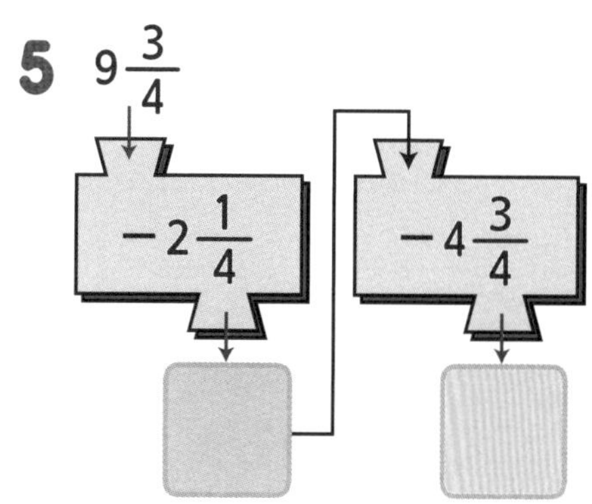

6 $5\frac{9}{11}$

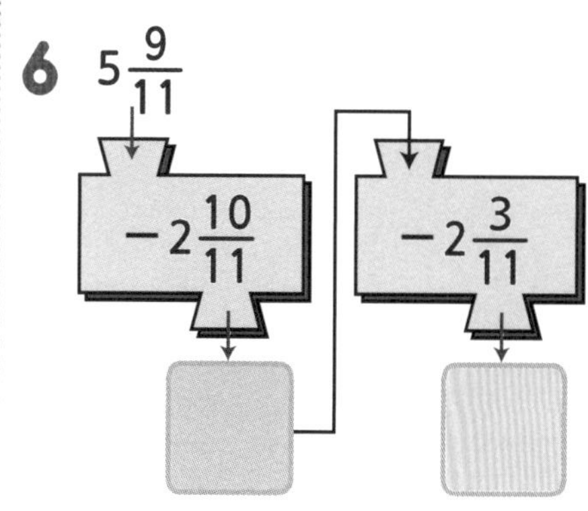

※ 분수 3개의 계산도 자연수끼리, 분자부분끼리 한번에 계산하면 빠르지만, 지금은 순서대로 계산해 보도록 합니다.

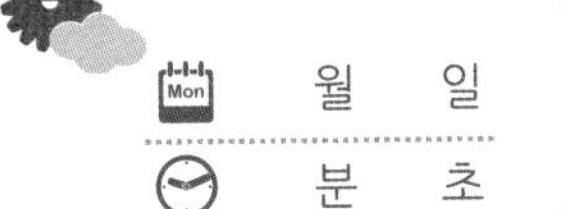

75 분수의 덧셈과 뺄셈 (생각문제)

월 일
분 초

15 문제 중 문제 맞았어

문제) 색 테이프를 6m 사서 어제 $2\frac{2}{7}$ m를 사용하고, 오늘 $1\frac{6}{7}$ m를 사용하였다면 남은 색테이프는 몇 m일까요?

풀이) 처음 m = 6 m 어제 쓴 m = $2\frac{2}{7}$ m 오늘 쓴 m = $1\frac{6}{7}$ m

남은 m = 처음 m − 어제 쓴 m − 오늘 쓴 m 이므로

식은 $6 - 2\frac{2}{7} - 1\frac{6}{7}$ 이고 값은 $1\frac{6}{7}$ m 입니다.

식) $6 - 2\frac{2}{7} - 1\frac{6}{7}$ 답) $1\frac{6}{7}$ m

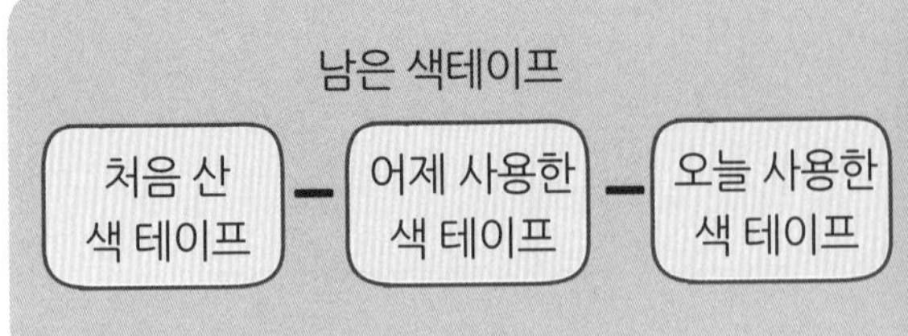

남은 색테이프
처음 산 색 테이프
-
어제 사용한 색 테이프
-
오늘 사용한 색 테이프

아래의 문제를 풀어보세요.

1 우유 4통을 사서 $2\frac{5}{8}$ 통을 마시고, 내일 먹을 우유를 2통 더 사왔습니다. 지금은 우유가 얼마나 있을까요?

(식 2점 답 1점)

풀이)

식) ____________ 답) ______ 통

2 물통에 $3\frac{2}{5}$ L가 있었습니다. 오전에 $2\frac{4}{5}$ L만큼 먹고, 점심 시간에 $1\frac{3}{5}$ L만큼 더 넣었다면 지금은 몇 L가 있을까요?

(식 2점 답 1점)

풀이)

식) ____________ 답) ______ L

3 어떤 상자에 $2\frac{5}{6}$ Kg만큼 물건이 들어있는데, 고구마 $1\frac{3}{6}$ Kg, 감자 $3\frac{5}{6}$ Kg을 더 담으면 상자는 몇 Kg이 될까요?

(식 2점 답 1점)

풀이)

식) ____________ 답) ______ kg

4 내가 문제를 만들어 풀어 봅니다. (대분수 3개의 계산)

(문제 2점 식 2점 답 2점)

풀이)

식) ____________ 답) ______

확인 (틀린 문제의 수를 적고, 약한 부분을 보충하세요.)

회차	틀린문제수
71 회	문제
72 회	문제
73 회	문제
74 회	문제
75 회	문제

생각해보기

앞에서 배운 5회차 내용이 모두 이해 되었나요?

1. 모두 이해되고 자신있다. → 다음 회로 넘어 갑니다.

2. 2~3문제 틀릴 수는 있겠지만 거의 이해한다.
   → 개념부분을 한번 더 읽고 다음 회로 넘어 갑니다.

3. 잘 모르는 것 같다.
   → 개념부분과 틀린문제를 한번 더 보고 다음 회로 넘어 갑니다.

틀린 문제가 있었다면 왜 틀렸을거라고 생각합니까?

1. 개념 설명이 어려워서 잘 모르겠다. 2. 다 아는데 실수한 것 같다.

3. 빨리 끝내고 싶어서 집중할 수가 없다. 4. 하기 싫어서....

오답노트 (앞에서 틀린 문제나 기억하고 싶은 문제를 적습니다.)

회 번	
문제	풀이

회 번	
문제	풀이

회 번	
문제	풀이

회 번	
문제	풀이

회 번	
문제	풀이

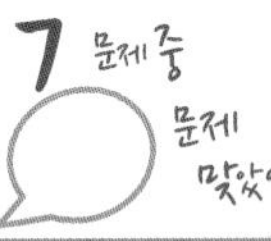

213×34의 계산 ①

세자리수 × 몇의 값과 세자리수 × 몇십의 값을 더합니다.

213 × 4 = 852
213 × 30 = 6390
213 × 34 = 7242

일의 자리의 곱과 십의 자리의 곱을 구해서 두 값을 더합니다.

① [앞의 수 213]과 [뒤의 수 일의 자리 4]의 값을 구합니다.

② [앞의 수 213]과 [뒤의 수 십의 자리 30]의 값을 구합니다.

③ [①의 값]과 [②의 값] 더하면 34의 곱을 구할 수 있습니다.

213×34의 계산 ② (밑으로 계산, 세로셈)

213×4의 값과 213×30의 값을 구해 더합니다.

$$\begin{array}{r} 213 \\ \times \ \ 34 \\ \hline 852 \end{array}$$

① 213와 4의 곱을 계산합니다.

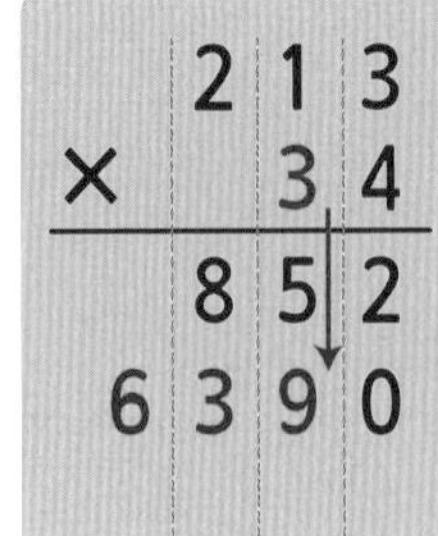

① 213 × 30의 값을 자리에 맞춰 적습니다.

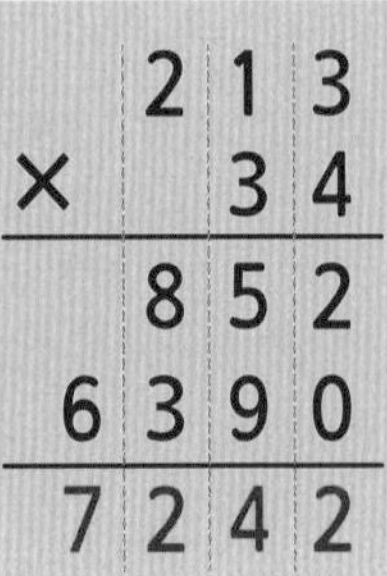

③ 두 값을 자리에 맞춰 더합니다.

아래 곱셈의 값을 구하세요.

1
307 × 3 = 921
307 × 40 = 12280
307 × 43 = ☐

2
434 × 5 = 2170
434 × 60 = 26040
434 × 65 = ☐

3
221 × 6 =
221 × 50 =
221 × 56 =

4
517 × 4 =
517 × 20 =
517 × 24 =

5

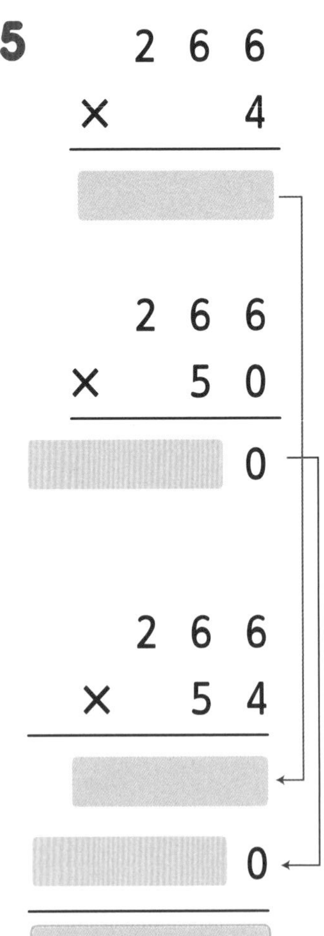

6

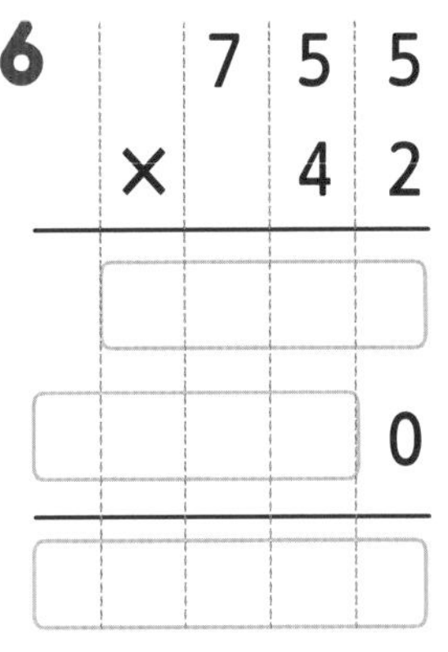

7

 이어서 나는 ☐ 을(를) 공부/연습할거야!!

77 세자리수 × 두자리수 (연습1)

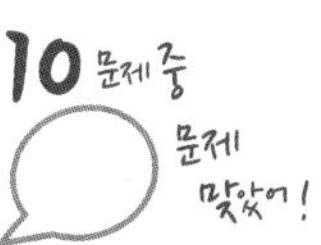

아래 곱셈의 값을 구하세요.

1 727 × 8 = 5816

727 × 90 = 65430

727 × 98 =

2 486 × 4 = 1944

486 × 70 = 34020

486 × 74 =

3 537 × 6 =

537 × 20 =

537 × 26 =

4 896 × 3 =

896 × 50 =

896 × 53 =

5 134 × 47 =

6 402 × 25 =

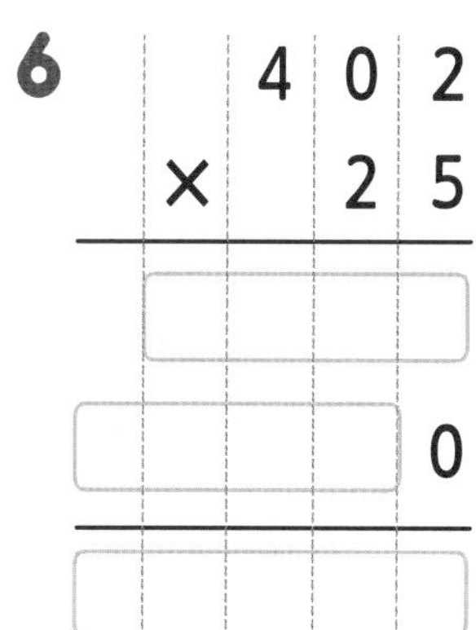

7 620 × 83 =

8 375 × 36 =

9 961 × 56 =

10 782 × 19 =

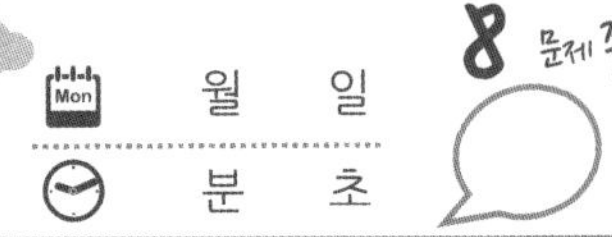

월 일
분 초

8 문제 중 문제 맞았어

아래 곱셈의 값을 구하세요.

1 $992 \times 9 = 8928$

$992 \times 80 = 79360$

$992 \times 89 =$

2

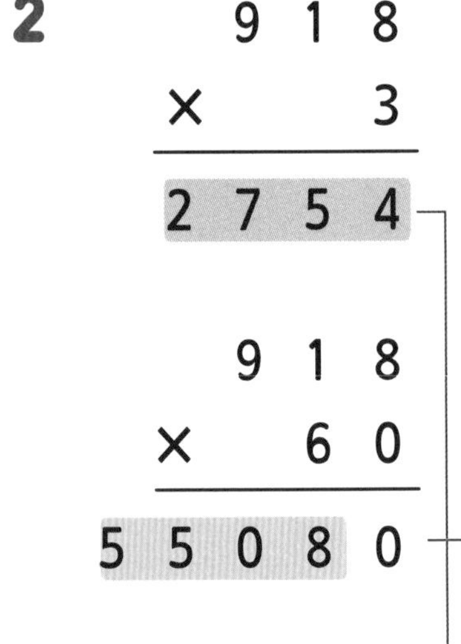

3 999×22

0

4 132×86

0

5

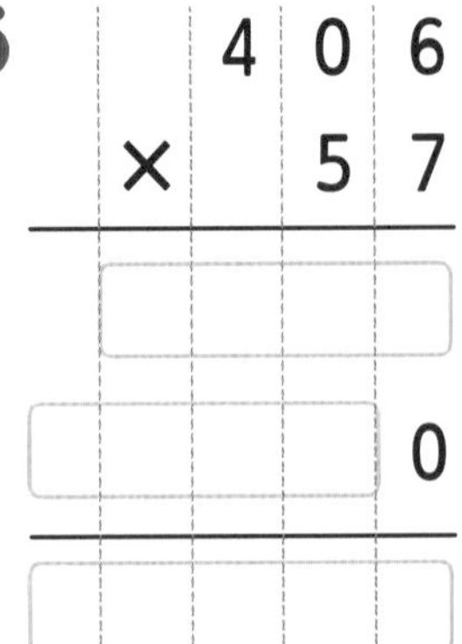

6 647×17

7 948×63

8 720×29

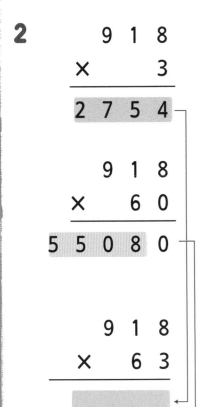

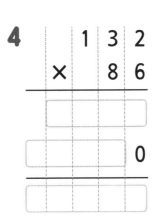

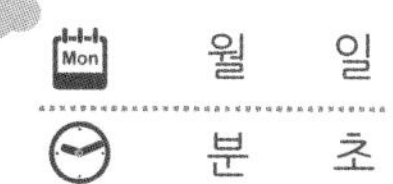

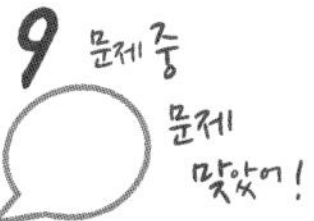

아래 곱셈의 값을 구하세요.

1
$$\begin{array}{r} 4\,6\,0 \\ \times \quad 2\,0 \\ \hline \end{array}$$

2
$$\begin{array}{r} 7\,1\,9 \\ \times \quad 5\,0 \\ \hline \end{array}$$

3
$$\begin{array}{r} 7\,3\,0 \\ \times \quad 1\,3 \\ \hline \end{array}$$

4
$$\begin{array}{r} 8\,7\,4 \\ \times \quad 5\,2 \\ \hline \end{array}$$

5
$$\begin{array}{r} 4\,6\,8 \\ \times \quad 7\,6 \\ \hline \end{array}$$

6
$$\begin{array}{r} 3\,4\,6 \\ \times \quad 5\,3 \\ \hline \end{array}$$

7
$$\begin{array}{r} 9\,2\,7 \\ \times \quad 3\,6 \\ \hline \end{array}$$

8
$$\begin{array}{r} 2\,8\,8 \\ \times \quad 7\,9 \\ \hline \end{array}$$

9
$$\begin{array}{r} 6\,3\,5 \\ \times \quad 4\,5 \\ \hline \end{array}$$

80 세자리수 × 두자리수 (생각문제)

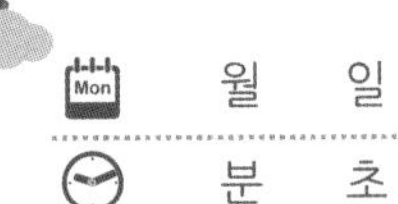
월 일
분 초

15 문제 중 문제 맞았

문제) 민정이는 **180g** 짜리 한약을 **5**월 한달내내 하루도 쉬지않고 먹었습니다. 민정이가 먹은 한약은 모두 몇 g 일까요?

풀이) 1번에 먹는 한약 = 180g 5월 일수 = 31일
전체 한약 = 1번에 먹는 한약 × 5월 일수 이므로
식은 180×31이고 값은 5580g 입니다.
따라서 한약은 모두 5580g 입니다.

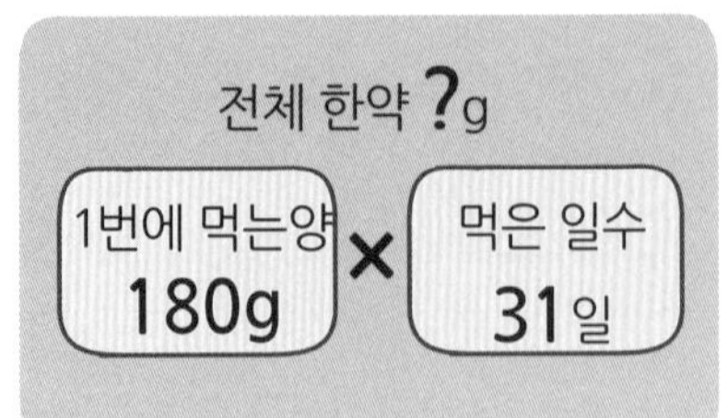

식) 180×31 답) 5580g

아래의 문제를 풀어보세요.

1 과수원에서 올해 사과를 **197**상자를 팔았습니다. 한 상자에 **35**개씩 들었다면, 올해 판 사과는 모두 몇개일까요?

(식 2점 답 1점)

풀이)

식) ______ 답) ______ 개

2 종이별을 1개 만드는데 색줄 **125**mm가 필요합니다. 우리반 학생 **24**명에게 1개씩 주려면 색줄 몇 mm가 필요할까요?

(식 2점 답 1점)

풀이)

식) ______ 답) ______ mm

3 우리 고장의 초등학교 **267**개에 노트북 **16**대씩 준다고 합니다. 노트북은 몇 대 필요할까요?

(식 2점 답 1점)

풀이)

식) ______ 답) ______ 대

4 내가 문제를 만들어 풀어 봅니다. (세자리수 × 두자리수)

(문제 2점 식 2점 답 2점)

풀이)

식) ______ 답) ______

확인 (틀린 문제의 수를 적고, 약한 부분을 보충하세요.)

회차	틀린문제수
76 회	문제
77 회	문제
78 회	문제
79 회	문제
80 회	문제

생각해보기

앞에서 배운 5회차 내용이 모두 이해 되었나요?

1. 모두 이해되고 자신있다. → 다음 회로 넘어 갑니다.

2. 2~3문제 틀릴 수는 있겠지만 거의 이해한다.
→ 개념부분을 한번 더 읽고 다음 회로 넘어 갑니다.

3. 잘 모르는 것 같다.
→ 개념부분과 틀린문제를 한번 더 보고 다음 회로 넘어 갑니다.

틀린 문제가 있었다면 왜 틀렸을거라고 생각합니까?

1. 개념 설명이 어려워서 잘 모르겠다. 2. 다 아는데 실수한 것 같다.

3. 빨리 끝내고 싶어서 집중할 수가 없다. 4. 하기 싫어서....

오답노트 (앞에서 틀린 문제나 기억하고 싶은 문제를 적습니다.)

회 번	
문제	풀이

회 번	
문제	풀이

회 번	
문제	풀이

회 번	
문제	풀이

회 번	
문제	풀이

81 세자리수 ÷ 두자리수

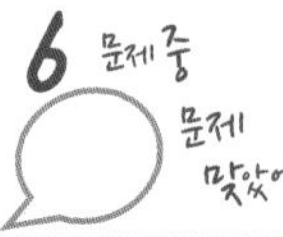

몫이 두자리수인 나눗셈 (413÷32의 계산)

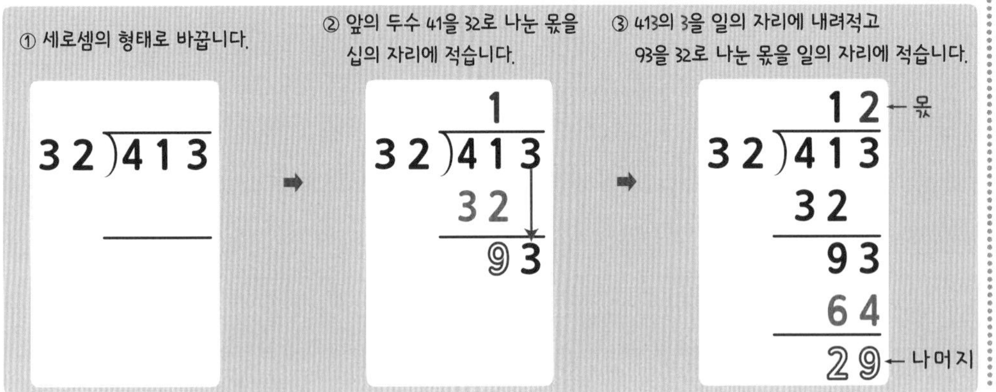

① 세로셈의 형태로 바꿉니다.
② 앞의 두 수 41을 32로 나눈 몫을 십의 자리에 적습니다.
③ 413의 3을 일의 자리에 내려적고 93을 32로 나눈 몫을 일의 자리에 적습니다.
32)413
1
32)413
32
93
12 ← 몫
32)413
32
93
64
29 ← 나머지

검산식을 이용하여 검산하기

$413 \div 32 = 12 \cdots 29$

검산식)

➡ $32 \times 12 + 29 = 413$

앞의 두자리씩 계산하여 몫을 십의 자리에 적고, 뺀 나머지를 다시 나눠 몫을 일의 자리에 적습니다. 나머지는 항상 나누는 수보다 작아야 합니다.

나눗셈식의 몫과 나머지를 세로식을 이용하여 구하고, 검산하세요.

1 $299 \div 16 = \square \cdots \square$

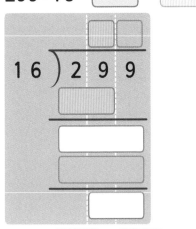

16)299

검산) $16 \times \square + \square = 299$

2 $354 \div 24 = \square \cdots \square$

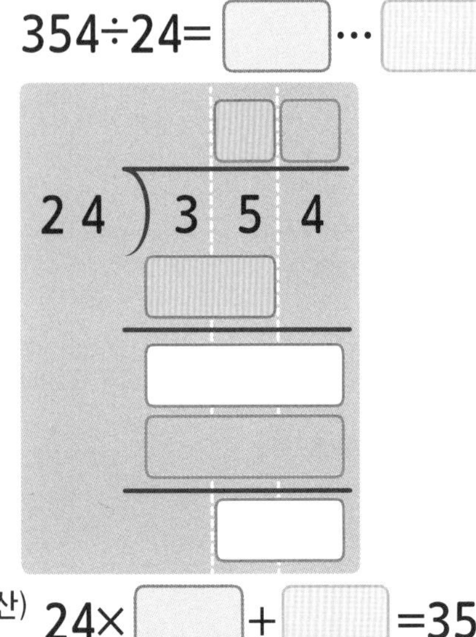

검산) $24 \times \square + \square = 354$

3 $409 \div 18 = \square \cdots \square$

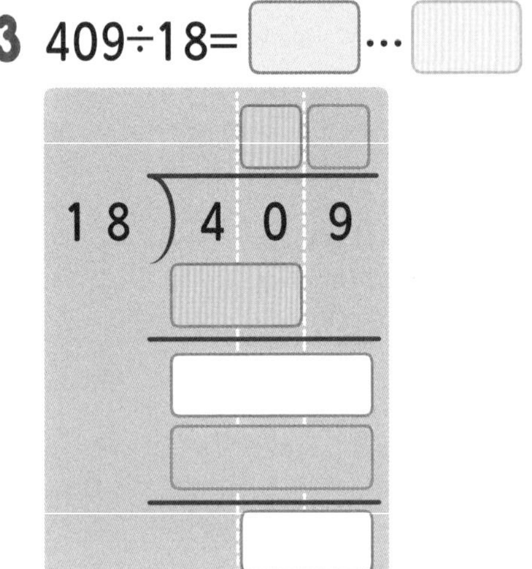

검산) $18 \times \square + \square = 409$

4 $703 \div 35 = \square \cdots \square$

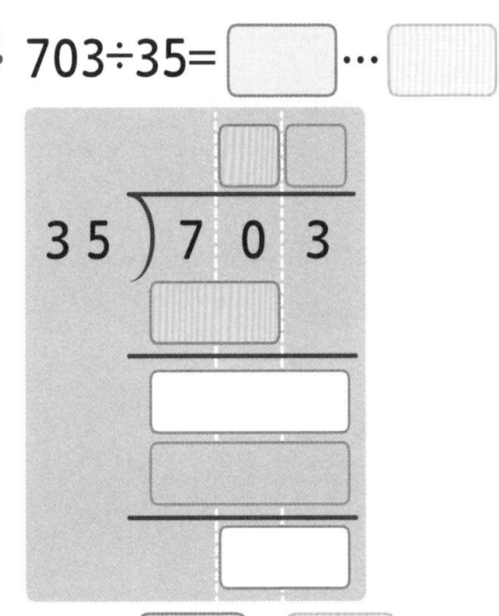

검산) $35 \times \square + \square = 703$

5 $512 \div 42 = \square \cdots \square$

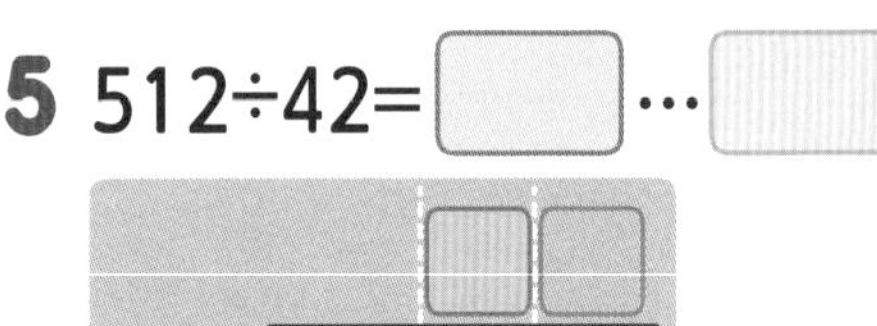

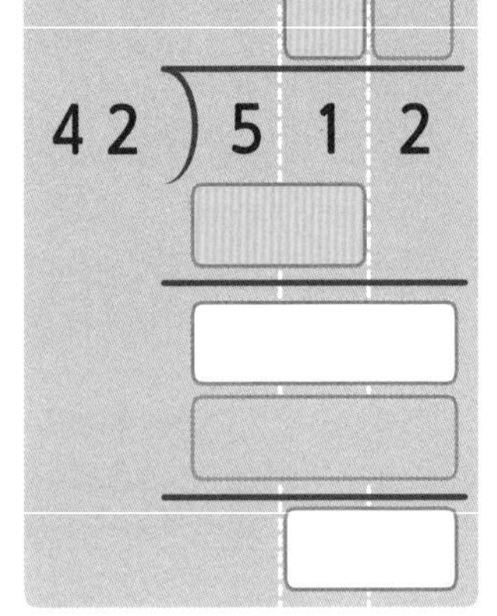

검산) $42 \times \square + \square = 512$

6 $970 \div 36 = \square \cdots \square$

검산) $36 \times \square + \square = 970$

 이어서 나는 ______ 을(를) 공부/연습할거야!!

82 세자리수 ÷ 두자리수 (연습1)

월 일
분 초

9 문제 중 문제 맞았어!

아래 나눗셈의 몫과 나머지를 구하고, 검산해 보세요.

1 678÷17= ☐ … ☐

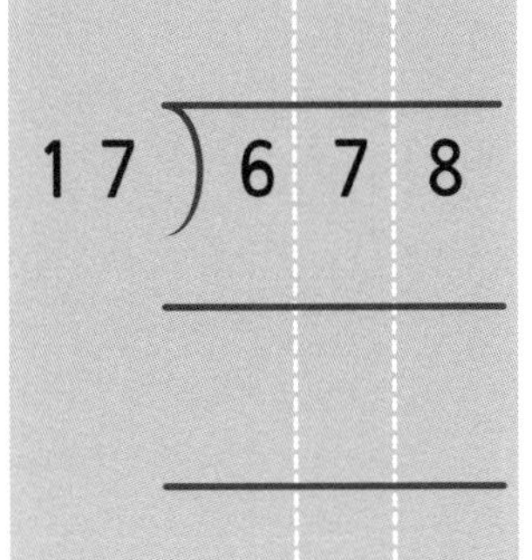

검산)

2 385÷26= ☐ … ☐

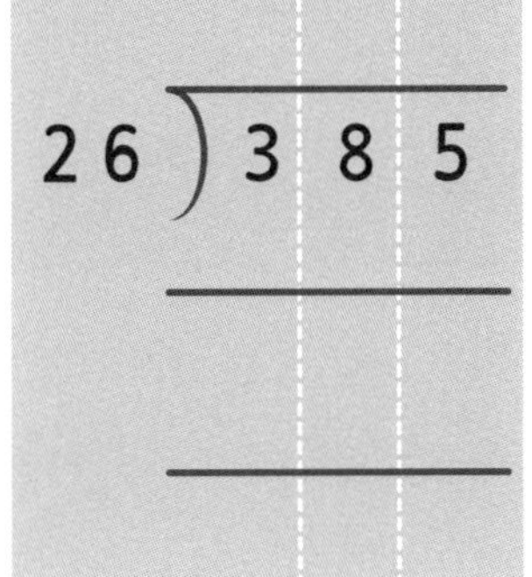

검산)

3 536÷32= ☐ … ☐

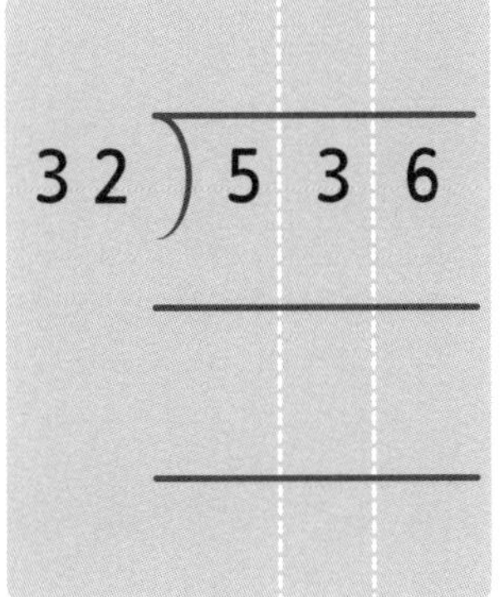

검산)

4 689÷65= ☐ … ☐

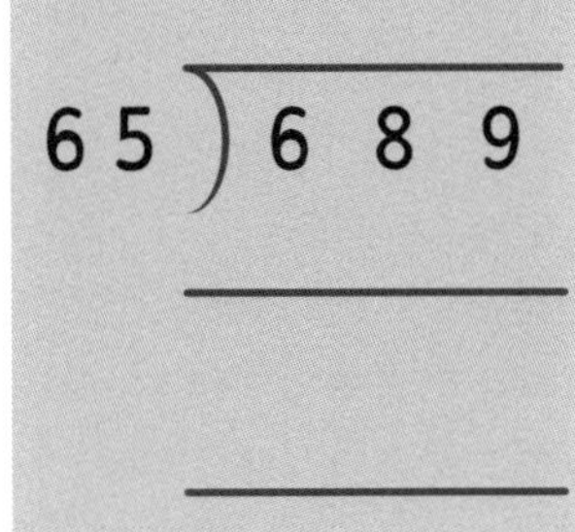

검산)

5 808÷41= ☐ … ☐

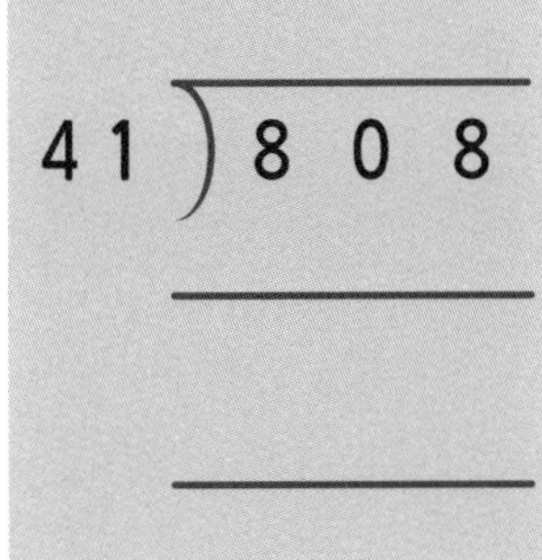

검산)

6 910÷72= ☐ … ☐

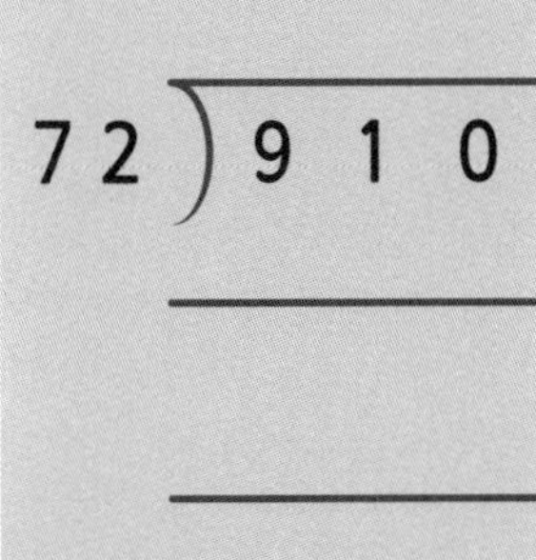

검산)

7 592÷53= ☐ … ☐

53)592

검산)

8 708÷38= ☐ … ☐

검산)

9 765÷29= ☐ … ☐

29)765

검산)

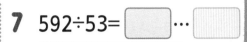

83 세자리수 ÷ 두자리수 (연습2)

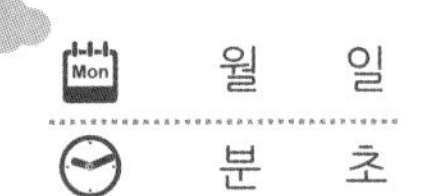

월 일
분 초

9 문제 중 문제 맞았어

아래 나눗셈의 몫과 나머지를 구하고, 검산해 보세요.

1 903÷37= ☐ … ☐

검산)

2 419÷23= ☐ … ☐

검산)

3 618÷17= ☐ … ☐

검산)

4 524÷42= ☐ … ☐

검산)

5 617÷36= ☐ … ☐

검산)

6 712÷53= ☐ … ☐

검산)

7 501÷24= ☐ … ☐

검산)

8 852÷32= ☐ … ☐

검산)

9 799÷16= ☐ … ☐

검산)

이어서 나는 ☐ 을(를) 공부/연습할거야!!

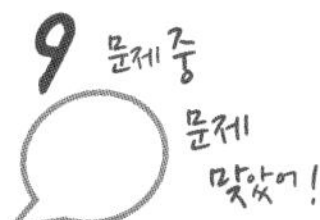

아래 나눗셈의 몫과 나머지를 구하고, 검산해 보세요.

1 923÷43= [ ] … [ ]

검산)

4 844÷32= [ ] … [ ]

검산)

7 532÷21= [ ] … [ ]

검산)

2 732÷25= [ ] … [ ]

검산)

5 538÷19= [ ] … [ ]

검산)

8 906÷16= [ ] … [ ]

검산)

3 679÷61= [ ] … [ ]

검산)

6 888÷73= [ ] … [ ]

검산)

9 633÷49= [ ] … [ ]

검산)

85 세자리수의 나눗셈 (생각문제)

문제) 체육대회 상품으로 공책 385권을 받아, 우리반 학생 28명에게 똑같이 나눠주면 몇 권씩 나눠주고 몇 권이 남을까요?

풀이) 공책 수 = 385권   학생 수 = 28명

나눠주는 공색 수 = 전체 공색수 ÷ 학생수 이므로

식은 385÷28이고 몫은 13, 나머지는 21입니다.

따라서 13권씩 나눠주고 21권이 남습니다.

식) 385÷28   답) 13권씩 주고 21권 남습니다.

공책 나눠 주기
전체 공책수 385권
÷
학생수 28명
의 몫과 나머지

아래의 문제를 풀어보세요.

1 천원짜리 150장이 있는데, 동화책 1권을 사려면 천원짜리 11장을 줘야합니다. 동화책은 몇권까지 살 수 있을까요?

풀이) (식 2점 답 1점)

식) ______ 의 몫   답) ______ 권

2 사과 290개를 24개씩 포장하고, 남는 것은 집에 가지고 가라고 합니다. 몇 개를 가지고 갈 수 있을까요?

풀이) (식 2점 답 1점)

식) ______ 의 나머지   답) ______ 개

3 종이자전거를 만드는데 색종이 17장이 필요하다면 색종이 321장으로는 종이자전거 몇 개를 만들 수 있을까요?

풀이) (식 2점 답 1점)

식) ______ 의   답) ______ 개

4 내가 문제를 만들어 풀어 봅니다. (세자리수 ÷ 두자리수의 몫과 나머지)

풀이) (문제 2점 식 2점 답 2점)

식) ______ 의   답)

 이어서 나는 ______ 을(를) 공부/연습할거야!!

확인 (틀린 문제의 수를 적고, 약한 부분을 보충하세요.)

회차	틀린문제수
81 회	문제
82 회	문제
83 회	문제
84 회	문제
85 회	문제

생각해보기

앞에서 배운 5회차 내용이 모두 이해 되었나요?

1. 모두 이해되고 자신있다. → 다음 회로 넘어 갑니다.

2. 2~3문제 틀릴 수는 있겠지만 거의 이해한다.
   → 개념부분을 한번 더 읽고 다음 회로 넘어 갑니다.

3. 잘 모르는 것 같다.
   → 개념부분과 틀린문제를 한번 더 보고 다음 회로 넘어 갑니다.

틀린 문제가 있었다면 왜 틀렸을거라고 생각합니까?

1. 개념 설명이 어려워서 잘 모르겠다. 2. 다 아는데 실수한 것 같다.

3. 빨리 끝내고 싶어서 집중할 수가 없다. 4. 하기 싫어서....

오답노트 (앞에서 틀린 문제나 기억하고 싶은 문제를 적습니다.)

회 번	
문제	풀이

회 번	
문제	풀이

회 번	
문제	풀이

회 번	
문제	풀이

회 번	
문제	풀이

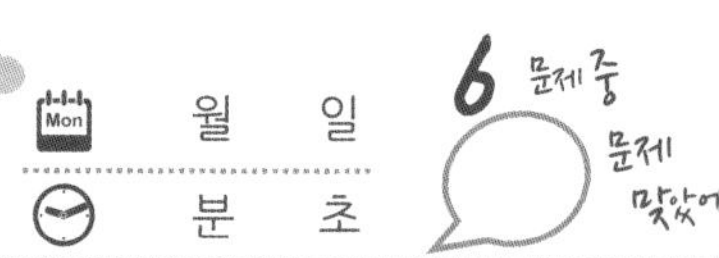

식을 계산하고, ▭와 ▭에 들어갈 알맞은 수를 적으세요.

1 370 ÷ 74 = ▭ × 704 = ▭

362 ÷ 74 의 값을 적으세요.

▭ × 704 의 값을 적으세요.

2 549 ÷ 61 = ▭ × 840 = ▭

3 259 ÷ 37 = ▭ × 478 = ▭

4 776 ÷ 97 = ▭ × 918 = ▭

5 429 ÷ 33 = ▭ × 662 = ▭

6 510 ÷ 17 = ▭ × 177 = ▭

이어서 나는 ▭ 을(를) 공부/연습할거야!!

87 곱셈과 나눗셈의 계산 (연습2)

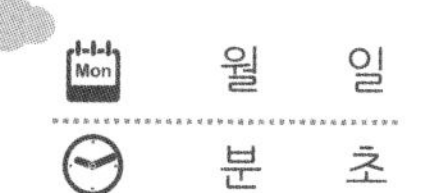

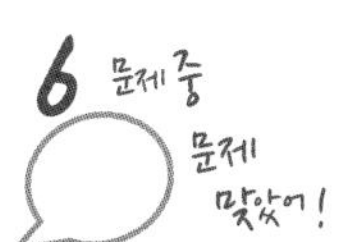

수 3개의 식을 계산하여 □에 값을 적으세요.

1 228÷12×883=

228÷12 의 값을 적으세요.

□×883 의 값을 적으세요.

2 600÷50×849=

3 260÷13×478=

4 219÷73×109=

5 437÷23×662=

6 803÷73×126=

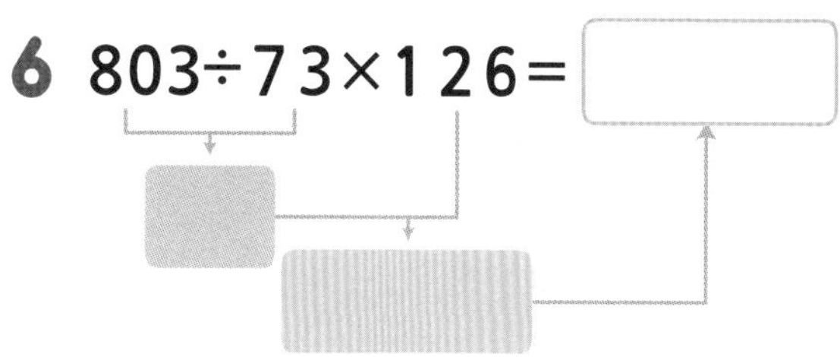

88 곱셈과 나눗셈의 계산 (연습3)

아래 문제를 풀어서 값을 빈칸에 적으세요.

1

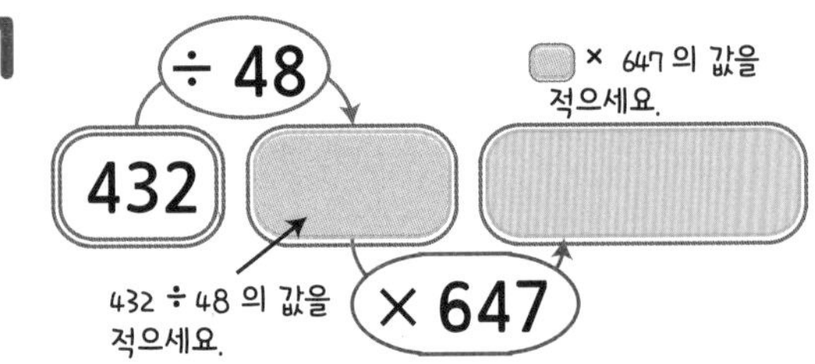

2

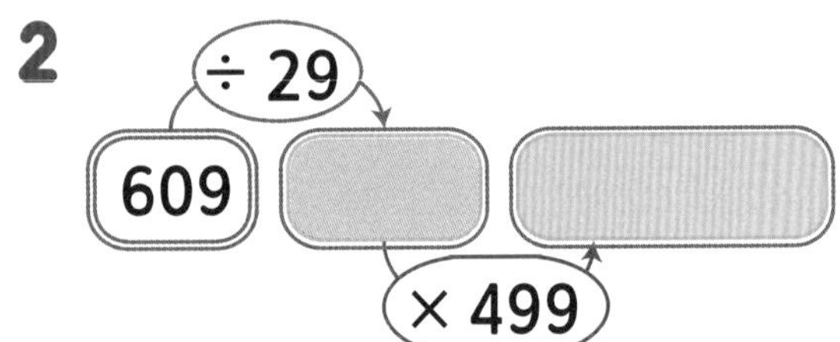

3

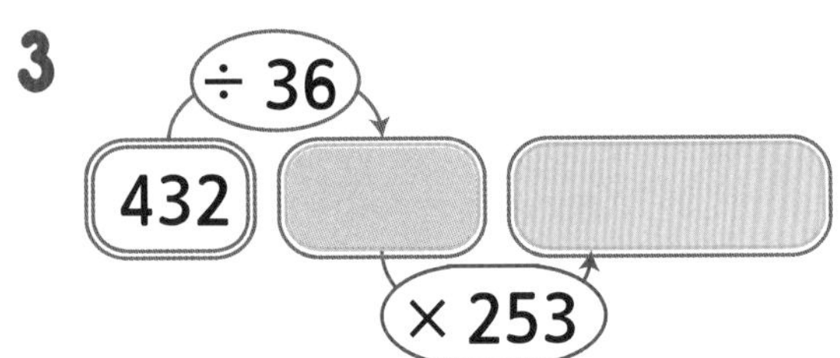

4

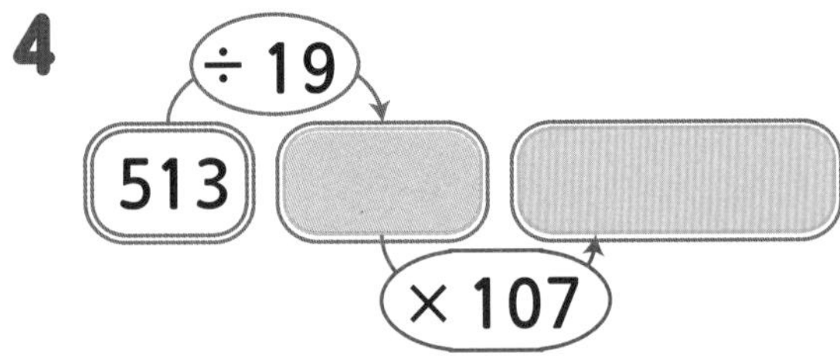

5

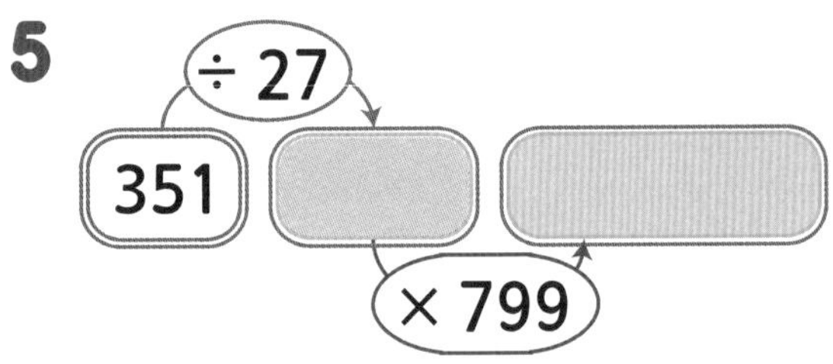

6

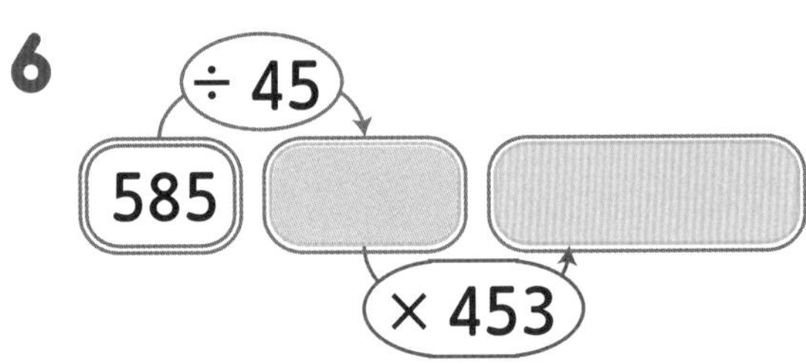

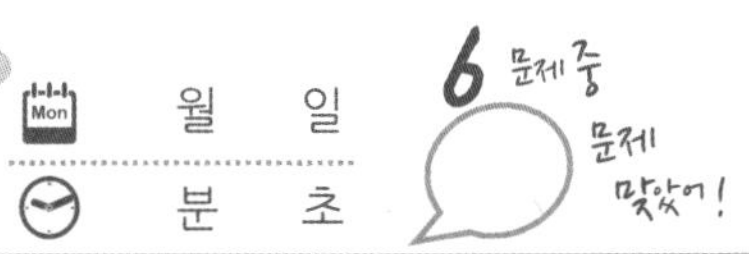

89 곱셈과 나눗셈의 계산 (연습4)

위의 숫자가 아래의 통에 들어가면 나오는 수를 계산해서 에 적으세요.

1 870

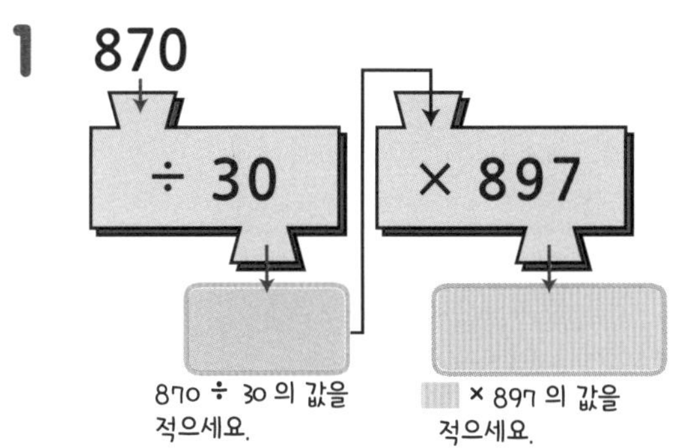

4 882

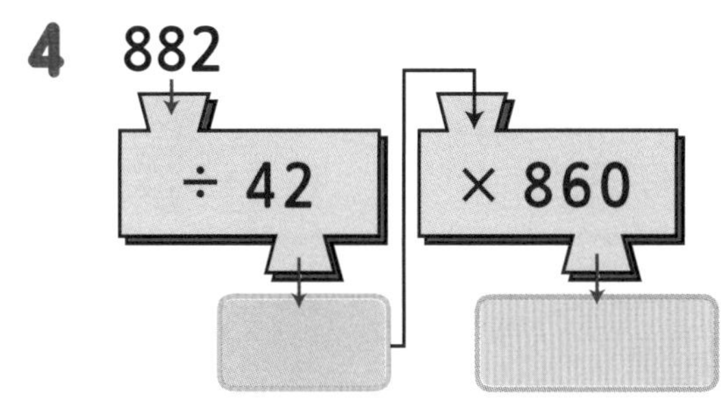

2 186

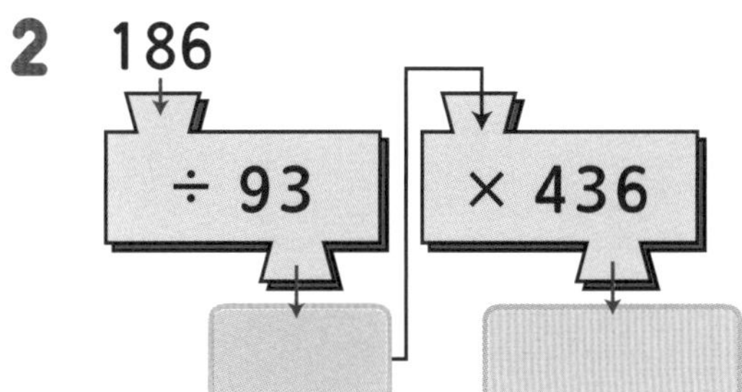

5 629

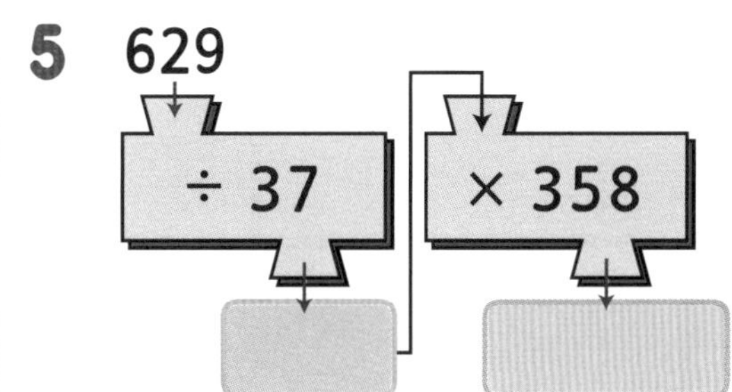

3 532

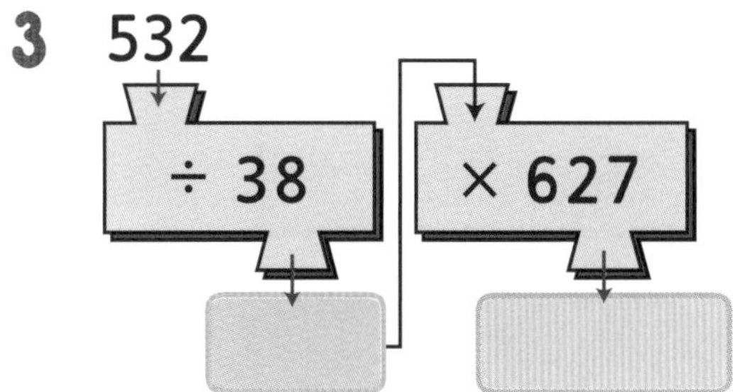

6 592

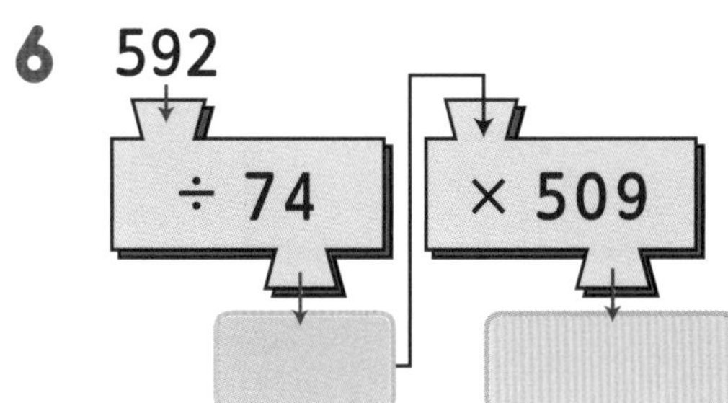

90 곱셈과 나눗셈의 계산 (연습5)

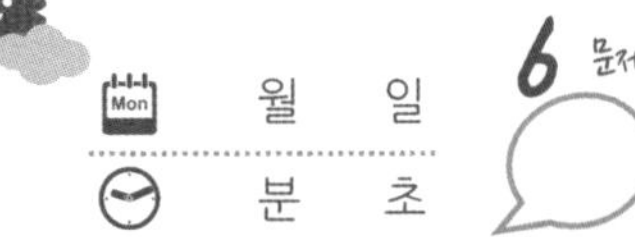

보기와 같이 옆의 두 수를 계산해서 옆에 적고, 밑의 두 수를 계산해서 밑에 적으세요.

1

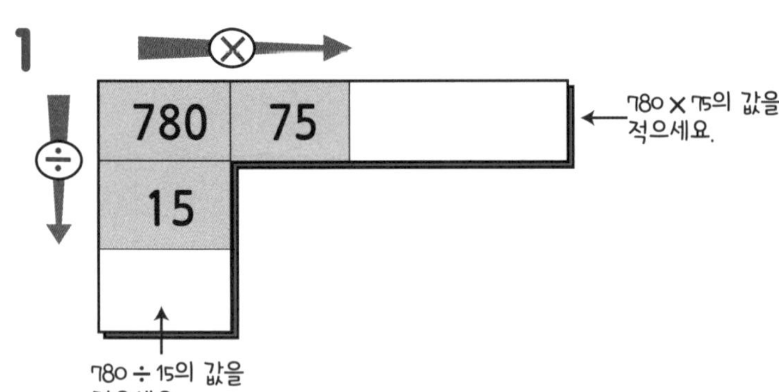

4

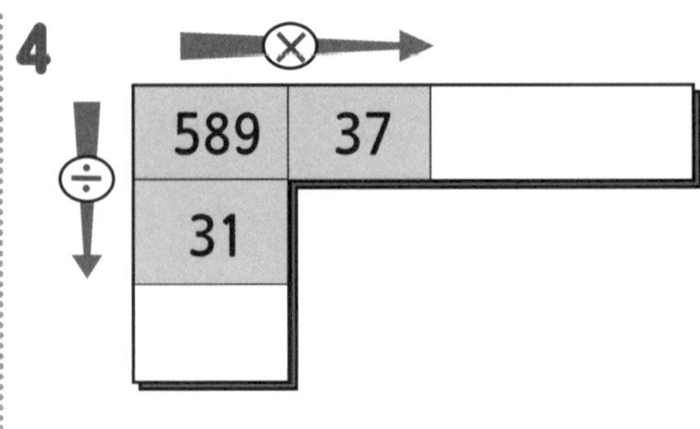

2

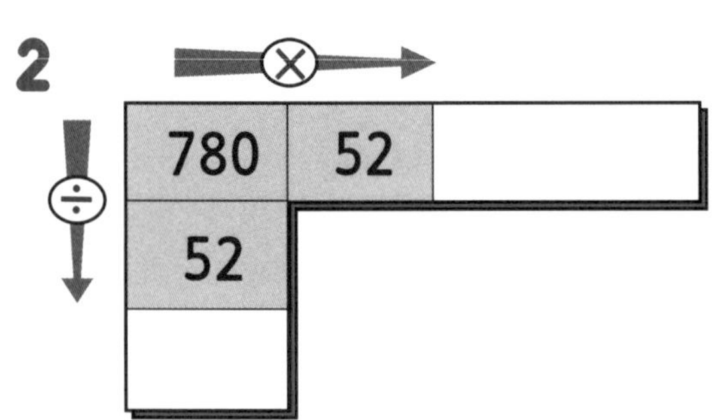

5

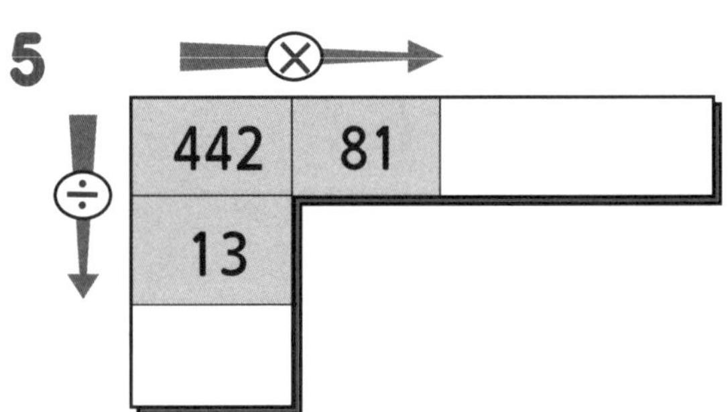

3

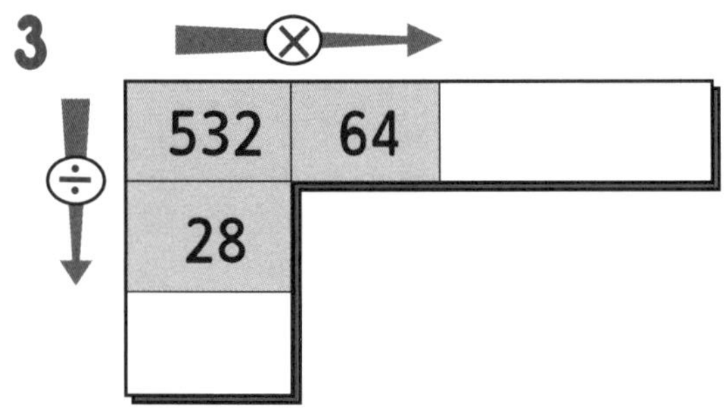

6

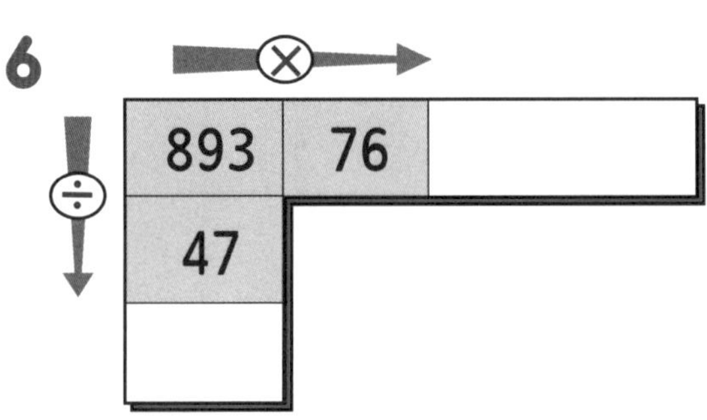

 이어서 나는 [ ] 을(를) 공부/연습할거야!!

확인 (틀린 문제의 수를 적고, 약한 부분을 보충하세요.)

회차	틀린문제수
86 회	문제
87 회	문제
88 회	문제
89 회	문제
90 회	문제

생각해보기

앞에서 배운 5회차 내용이 모두 이해 되었나요?

1. 모두 이해되고 자신있다. → 다음 회로 넘어 갑니다.

2. 2~3문제 틀릴 수는 있겠지만 거의 이해한다.
→ 개념부분을 한번 더 읽고 다음 회로 넘어 갑니다.

3. 잘 모르는 것 같다.
→ 개념부분과 틀린문제를 한번 더 보고 다음 회로 넘어 갑니다.

틀린 문제가 있었다면 왜 틀렸을거라고 생각합니까?

1. 개념 설명이 어려워서 잘 모르겠다. 2. 다 아는데 실수한 것 같다.

3. 빨리 끝내고 싶어서 집중할 수가 없다. 4. 하기 싫어서....

오답노트 (앞에서 틀린 문제나 기억하고 싶은 문제를 적습니다.)

회 번	
문제	풀이

회 번	
문제	풀이

회 번	
문제	풀이

회 번	
문제	풀이

회 번	
문제	풀이

덧셈과 **뺄셈**이 섞여 있는 식

+, − 만 있는 식은 앞에서 부터 차례대로 계산합니다.

$75-15+27=60+27$ ①

$=87$ ②

( )가 있는 식은 ( ) 안을 먼저 계산합니다.

( ) 안을 먼저 계산한 다음, 앞에서 부터 계산합니다.

$75-(15+27)=75-42$ ①

$=33$ ②

( )이 있으면 제일 먼저 계산합니다.

계산 순서를 잘 생각해서, 아래 문제를 풀어보세요.

1 $75-13+20=$ ☐ (① ☐, ② ☐)

2 $53+21-13=$ ☐

3 $97-39-29=$ ☐

4 $24+16+55=$ ☐

5 $75-(13+20)=$ ☐ (① ☐, ② ☐)

6 $53+(21-13)=$ ☐

7 $97-(39-29)=$ ☐

8 $24+(16+55)=$ ☐

※ 1~4번 문제와 5~8번 문제는 같은 문제가 아닙니다. ( ) 괄호에 의해서 계산하는 순서가 바껴 값이 틀립니다.
(값이 같을 수도 있지만, 계산하는 순서는 다릅니다.)

92 혼합계산의 순서 (2)

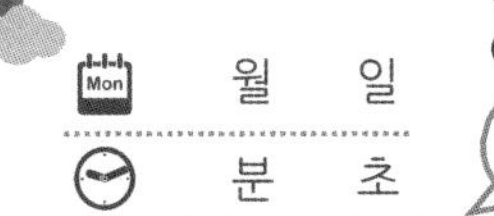

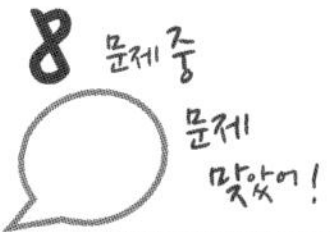

곱셈과 **나눗셈**이 섞여 있는 식

×, ÷ 만 있는 식은 앞에서 부터 차례대로 계산합니다.

$$15 \div 3 \times 5 = 5 \times 5 = 25$$

( )가 있는 식은 ( ) 안을 먼저 계산합니다.

( ) 안을 먼저 계산한 다음, 앞에서 부터 계산합니다.

$$15 \div (3 \times 5) = 15 \div 15 = 1$$

( )이 있으면 제일 먼저 계산합니다.

계산 순서를 잘 생각해서, 아래 문제를 풀어보세요.

1 $90 \div 9 \times 10 =$

2 $12 \times 36 \div 3 =$

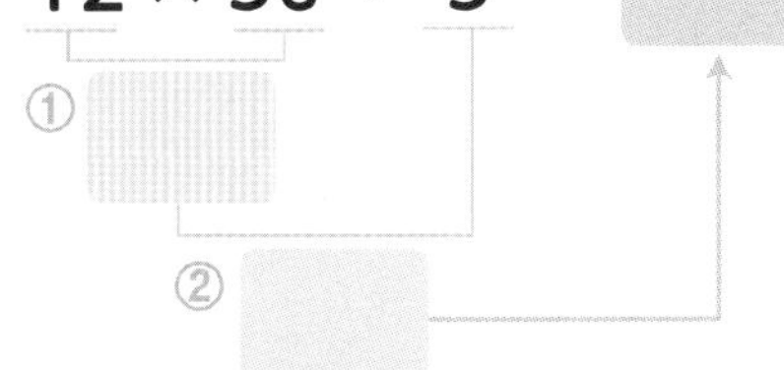

3 $64 \div 16 \div 4 =$

4 $4 \times 20 \times 50 =$

5 $90 \div (9 \times 10) =$

6 $12 \times (36 \div 3) =$

7 $64 \div (16 \div 4) =$

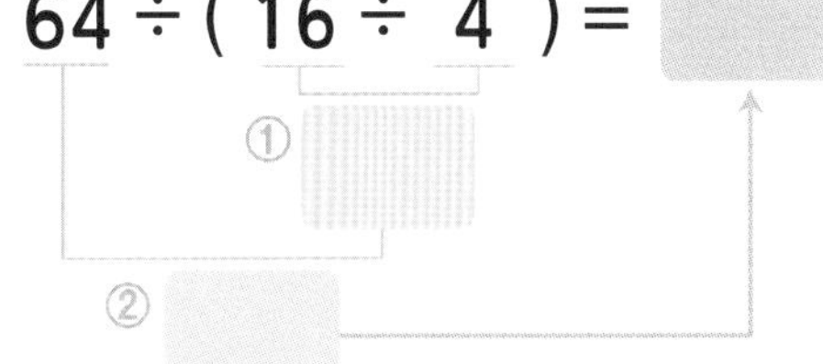

8 $4 \times (20 \times 50) =$

※ 1~4번 문제와 5~8번 문제는 같은 문제가 아닙니다. ( ) 괄호에 의해서 순서가 바껴 값이 틀립니다.
(값이 같을 수도 있지만, 계산하는 순서는 다릅니다.)

곱셈과 **나눗셈**은 덧셈, 뺄셈 보다 먼저 계산합니다.

×, ÷ 을 먼저 계산하고, +, − 을 앞에서 부터 차례로 계산합니다.

$34 - 6 \times 3 + 1 = 34 - 18 + 1$ ①

$= 16 + 1$ ②

$= 17$ ③

(　)가 있는 식은 (　) 안을 먼저 계산합니다.

(　) 안을 먼저 계산한 다음, 앞에서 부터 계산합니다.

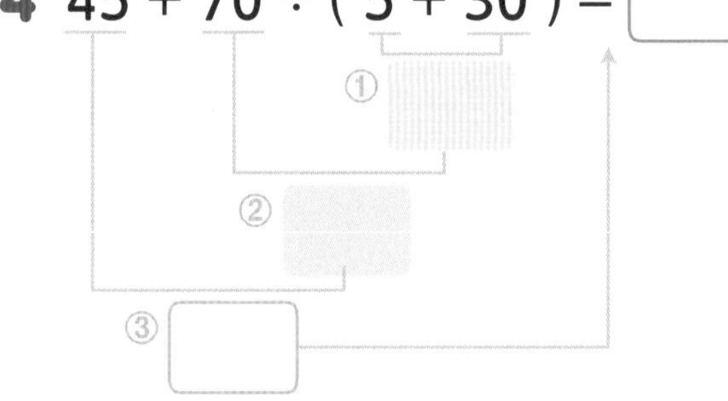

$24 - 6 \times (3 + 1) = 24 - 6 \times 4$ ①

$= 24 - 24$ ②

$= 0$ ③

계산 순서를 잘 생각해서, 아래 문제를 풀어보세요.

1 $45 + 70 \div 5 + 30 =$ □

① ② ③ □

2 $88 + 95 - 35 \div 5 =$ □

3 $50 - 24 \times 12 \div 6 =$ □

4 $45 + 70 \div (5 + 30) =$ □

① ② ③ □

5 $88 + (95 - 35) \div 5 =$ □

6 $(50 - 24) \times 12 \div 6 =$ □

94 혼합계산의 순서 (4)

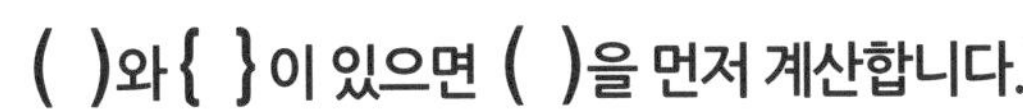

( )와 { }이 있으면 ( )을 먼저 계산합니다.

① { }안의 ( ) ➡ ② { } ➡ ③ ×, ÷ ➡ ④ +, − 순으로 계산합니다.

$$5+\{20\div(7-3)\}\times3=5+\{20\div4\}\times3$$
$$=5+5\times3$$
$$=5+15$$
$$=20$$

① 4, ② 5, ③ 15, ④ 20

① { } 안의 ( )을 가장 먼저 계산하므로, 7−3을 계산합니다.

② { } 안의 20÷를 계산합니다.

③ +보다 ×를 먼저 계산해야 하므로, ×3을 계산합니다.

④ 5+를 계산하여, 값을 구합니다.

계산 순서를 잘 생각해서, 아래 문제를 풀어보세요.

1 $30\div6\times(2+1)-8=$ □

2 $20+56\div8\times(3+4)=$ □

3 $6\times(18-2)-10\div5=$ □

4 $30\div\{6\times(2+1)-8\}=$ □

5 $20+56\div\{8\times(3+4)\}=$ □

6 $\{6\times(18-2)-10\}\div2=$ □

95 혼합계산의 순서 (연습)

월 일
분 초

8 문제 중 문제 맞았어

계산 순서를 잘 생각해서, 아래 문제를 풀어보세요.

1 $\{8 \times (6 - 3) + 6\} \div 3 - 5 = \square$

2 $\{60 - (5 + 7) \times 2\} \div 4 = \square$

3 $5 - (36 + 49) \div (35 - 18) = \square$

4 $276 \div (32 - 9) \times 4 + 12 = \square$

5 $(72 + 8) \div 15 \times (14 - 8) = \square$

6 $12 + (232 - 16) \div 36 - 8 = \square$

7 $30 - \{240 \div (4 \times 3) + 10\} = \square$

8 $\{600 \div (8 + 17)\} - 8 \div 2 = \square$

 이어서 나는 [ ] 을(를) 공부/연습할거야!!

확인 (틀린 문제의 수를 적고, 약한 부분을 보충하세요.)

회차	틀린문제수
91 회	문제
92 회	문제
93 회	문제
94 회	문제
95 회	문제

생각해보기

앞에서 배운 5회차 내용이 모두 이해 되었나요?

1. 모두 이해되고 자신있다. → 다음 회로 넘어 갑니다.

2. 2~3문제 틀릴 수는 있겠지만 거의 이해한다.
→ 개념부분을 한번 더 읽고 다음 회로 넘어 갑니다.

3. 잘 모르는 것 같다.
→ 개념부분과 틀린문제를 한번 더 보고 다음 회로 넘어 갑니다.

틀린 문제가 있었다면 왜 틀렸을거라고 생각합니까?

1. 개념 설명이 어려워서 잘 모르겠다. 2. 다 아는데 실수한 것 같다.

3. 빨리 끝내고 싶어서 집중할 수가 없다. 4. 하기 싫어서....

오답노트 (앞에서 틀린 문제나 기억하고 싶은 문제를 적습니다.)

회 번	
문제	풀이

회 번	
문제	풀이

회 번	
문제	풀이

회 번	
문제	풀이

회 번	
문제	풀이

96 막대 그래프

막대그래프 : 조사한 수를 막대로 나타낸 그래프

우리 반 학생 중 좋아하는 과일을 나타낸 표

과일	사과	딸기	수박	감	합계
학생 수 (명)	6	9	5	2	22

표를 막대그래프로 나타내기

표를 보고, 막대로 표시하면 막대그래프가 됩니다.

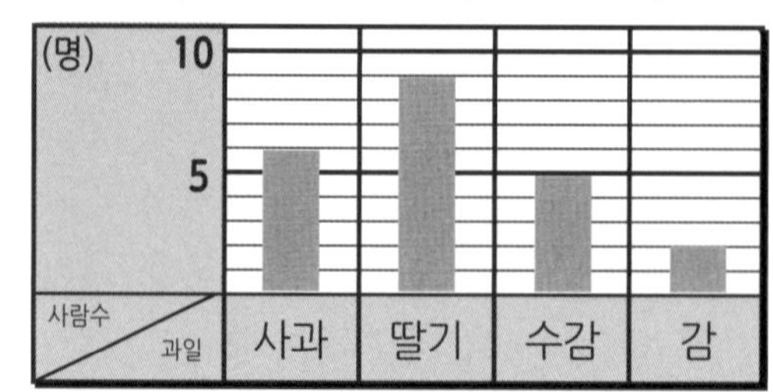

우리 반 학생 중 좋아하는 과일을 나타낸 막대그래프

아래는 표와 막대그래프의 특징을 이야기 한 것입니다. 빈 칸에 알맞은 글을 적으세요. (다 푼후 2번 읽어 봅니다.)

1 알고 싶은 주제를 정해 자료를 조사하고, 분류하여 수를 숫자로 표시한 것을 ☐ 라고 하고, 조사한 수를 막대로 표시한 것을 ☐ 라고 합니다.

2 ☐ 는 많고 적음을 숫자로 나타내므로, 조사한 수량과 합계를 알아보기 쉽습니다.

3 ☐ 는 항목별 수량이 많으면 막대가 길고, 적으면 길이가 짧게 표시함으로, 많고 적음을 한 눈에 비교하기 쉽습니다.

4 ☐ 는 조사한 수량을 위로 올라가게 표시할 수도 있고, 옆으로 길게 표시할 수도 있습니다.

☐ 는 조사한 수량만을 나타내고, 합계는 표시하지 않습니다. 합계는 ☐ 에만 나타납니다.

아래의 표를 보고, 막대그래프로 나타내려고 합니다. 막대 그래프를 완성하세요.

5 우리반 학생들의 좋아하는 계절

계절	봄	여름	가을	겨울	합계
학생 수 (명)	5	3	7	9	24

(명)				
10				
5				
학생 수 / 계절	봄	여름	가을	겨울

6 옆반 학생들이 좋아하는 스포츠

스포츠	야구	축구	수영	줄넘기	합계
학생 수 (명)	4	8	3	6	21

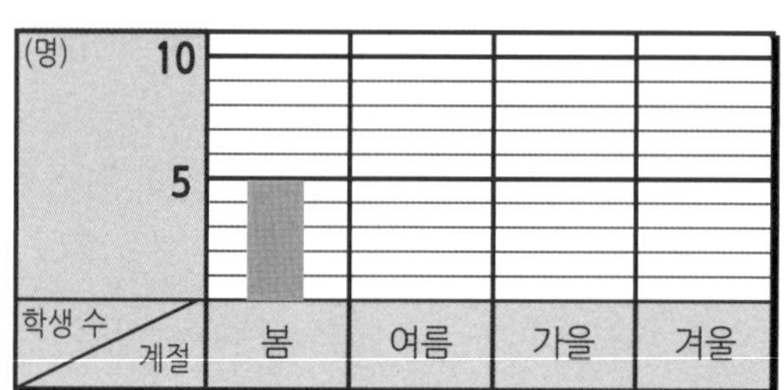

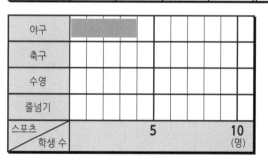

97 꺾은선 그래프

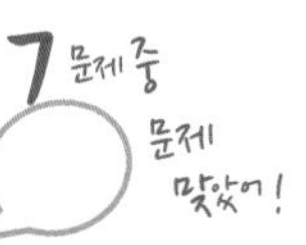

꺾은선그래프 : 점으로 찍고 선으로 연결한 그래프

식물의 키를 매월 조사한 표 (매월 1일 조사)

월	3월	4월	5월	6월
높이 (cm)	1	2	8	10

표를 꺾은선 그래프로 나타내기

조사한 수에 점을 찍고 점끼리 선으로 연결하면 꺾은선그래프가 됩니다.

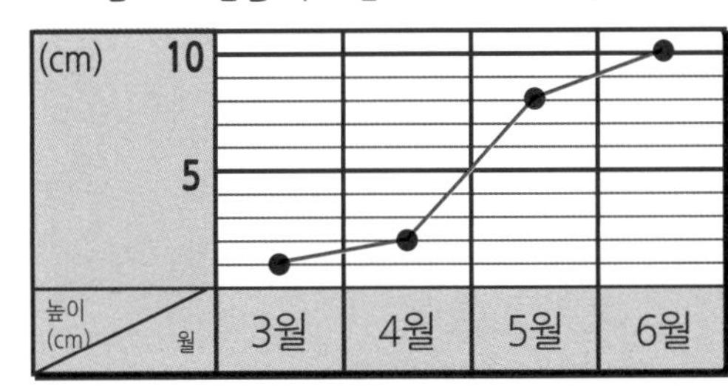

꺾은선 그래프는 변화하는 모양과 정도를 알기 쉽고, 조사하지 않은 중간값을 예상할 수 있습니다.

아래는 꺾은선 그래프의 특징을 이야기 한 것 입니다. 빈 칸에 알맞은 글을 적으세요. (다 푼후 2번 읽어 봅니다.)

1 조사한 수를 점으로 찍고, 그 점 들을 선분으로 연결하여 나타낸 그래프를 [ ]라고 합니다.

2 [ ]로 알 수 있는 것은

① 가장 큰 값과 가장 작은 값을 한눈에 볼 수 있고,

② 늘어나고 있는 때와 줄어드는 때의 변화를 알 수 있고,

③ 구간과 구간 사이의 중간값을 알 수 있고,

④ 변화가 심한 부분과 심하지 않은 부분을 알기 쉽습니다.

3 꺾은선 그래프에서 ① 가장 높이 있는 점이 가장 큰 값이고, 가장 낮게 있는 점이 가장 [ ] 값입니다. ② 선이 위로 올라가면 늘어나는 것이고, 내려가면 [ ] 드는 것입니다. ③ 중간값을 모르더라도, 양 옆의 점을 연결하면 [ ]을 어림할 수 있습니다. ④ 급격하게 내려가거나 올라가면 변화가 심한 부분입니다.

아래의 표를 보고, 꺾은선그래프를 완성하고 물음에 답하세요.

4 교실의 온도 변화 (매시간 정각에 조사)

시간	12시	1시	2시	3시	4시
온도 (℃)	20	23	29	25	23

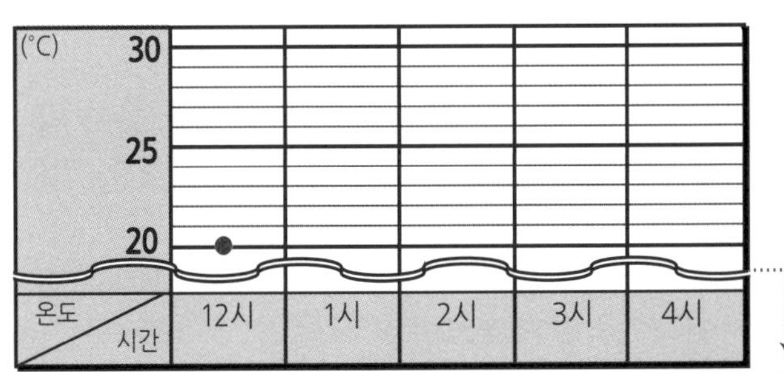

필요없는 부분은 물결선으로 생략했습니다.

① 가장 높이 올라간 온도는 [ ] 도이고, 가장 낮은 온도는 [ ] 도 입니다.

② 온도가 [ ] 시 부터 [ ] 시 까지는 올라가고 있고, [ ] 시 부터 [ ] 시 까지는 내려가고 있습니다.

③ 12시와 2시의 중간인 1시의 값을 모르더라도 21과 29의 중간쯤의 온도일 것으로 예상할 수 있습니다. (중간값 알기)

③ 선이 급격하게 오르고 있는 [ ] 시 부터 [ ] 시의 변화가 가장 심한 부분입니다.

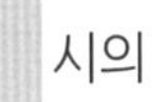

98 막대그래프와 꺾은선그래프

막대그래프의 특징

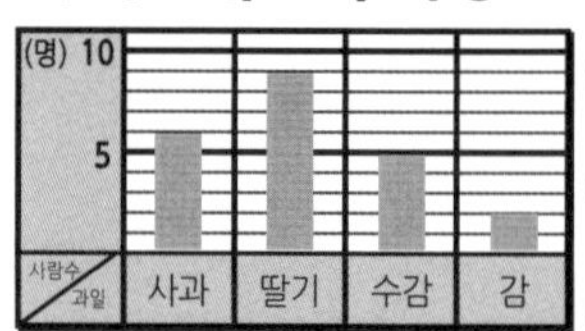

① 각 부분의 상대적인 크기를 비교
② 수치의 크기를 정확히 나타냄
③ 많고 적음을 한눈에 알기 쉬움

막대그래프가 적합한 조사 : 좋아하는 것, 사람별, 색깔별 조사 ➡ 시간의 연속성이 없는 조사

꺾은선그래프의 특징

(cm) 10, 5 / 3월, 4월, 5월, 6월

① 시간에 따른 연속적인 변화를 비교
② 늘어나고 줄어듦을 알기 쉬움
③ 조사하지 않은 중간값도 예상가능

꺾은선그래프가 적합한 조사 : 일별 식물의 크기, 나의 월별 키조사 ➡ 시간의 연속성이 있는 조사

아래는 표와 그래프의 특징을 이야기 한 것 입니다. 빈 칸에 알맞은 글을 적으세요. (다 푼후 2번 읽어 봅니다.)

1 알고 싶은 주제를 정해 자료를 조사하고, 분류하여 수를 숫자로 표시한 것을 [ ] 라고 하고, 조사한 수를 막대로 표시한 것을 [ ] 라고 하고, 조사한 수를 점으로 찍고, 그 점 들을 선분으로 연결하여 나타낸 그래프를 [ ] 라고 합니다.

2 막대그래프는 ① 각 부분의 [ ] 를 비교하는 데 편리하고 ② [ ] 를 정확히 나타내고, ③ 조사한 값이 [ ] 을 한눈에 알기 쉽습니다.

3 꺾은선그래프는 ① [ ] 에 따른 연속적인 변화를 비교하는 데 편리하고 ② [ ] 을 알기 쉽고, ③ 조사하지 않은 [ ] 도 예상할 수 있습니다.

4 막대그래프로 만들지 꺾은선그래프로 만들지 결정할 때 가장 중요한 것은 [ ] 의 [ ] 입니다.

소리내 풀기

아래의 표를 막대그래프로 먼저 나타내고, 그 위에 꺾은선그래프를 완성하고, 물음에 답하세요.

5 년도별 우리학교 학생수 (매년 3월 5일 조사)

년도	2012	2013	2014	2015	2016
학생수 (명)	590	550	520	510	520

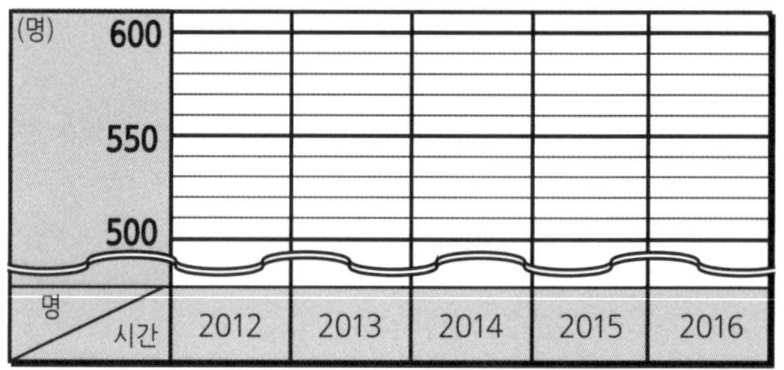

① 우리 학교 학생이 가장 많을 때는 [ ] 년도이고, 가장 작을 때는 [ ] 년도입니다.

② 전년보다 가장 많이 줄어든 년도는 [ ] 년도입니다.

③ 우리학교 학생수는 [ ] 년도 까지 계속 줄다가, [ ] 년도에 조금 늘었다는 것을 알 수 있습니다.

④ [ ] 년 부터는 학생수의 변화가 적은 것을 알 수 있습니다. 그러므로 2017년 학생수도 변화가 [ ] 것으로 예상할 수 있습니다. (적을 / 많을)

 이어서 나는 [ ] 을(를) 공부/연습할거야!!

99 두 수의 관계

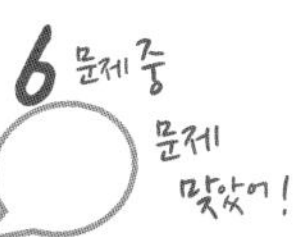

규칙이 있는 두 수 사이의 관계 ①

각 수들의 대응관계를 살펴서, 어떤 규칙이 있는지 찾아봅니다.

세발자전거의 바퀴수

자전거 수	1	2	3	4	5
바퀴 수	3	6	9	12	15

×3

➡ 바퀴의 수 = 자전거의 수 × 3

규칙이 있는 두 수 사이의 관계 ②

아래의 값이 변할 때, 위의 값이 변하는 규칙도 생각해 봅니다.

세발자전거의 수

자전거 수	1	2	3	4	5
바퀴 수	3	6	9	12	15

÷3

➡ 자전거의 수 = 바퀴의 수 ÷ 3

아래의 표를 자세히 관찰하고, 각 수들의 대응관계를 찾아 표와 식을 완성하고, 빈칸도 채우세요.

1

나의 나이	10	11	12	13	14
엄마의 나이	42	43	44		46

+32

식만들기 : 엄마의 나이 = 나의 나이 ☐

➡ 내 나이가 20살일때 엄마의 나이는 ☐ 살 되십니다.

2

사각형의 수	1	2	3	4	5
꼭지점의 수	4	8	12		

☐

식만들기 : 꼭지점의 수 = 사각형의 수 ☐

➡ 사각형이 10개일때 꼭지점은 ☐ 개가 됩니다.

3

자동차의 수	5	6	7	8	9
바퀴의 수	20	24	28		

☐

식만들기 : 바퀴의 수 = 자동차의 수 ☐

➡ 자동차가 15대일때 바퀴는 ☐ 개가 됩니다.

4

나의 나이	4	5	6		
오빠의 나이	10	11	12	13	14

☐

식만들기 : 나의 나이 = 오빠의 나이 ☐

➡ 오빠의 나이가 20살일때 나는 ☐ 살 됩니다.

5

삼각형의 수	1	2	3		
꼭지점의 수	3	6	9	12	15

☐

식만들기 : 삼각형의 수 = 꼭지점의 수 ☐

➡ 삼각형이 9개 있으면 꼭지점은 ☐ 개가 됩니다.

6

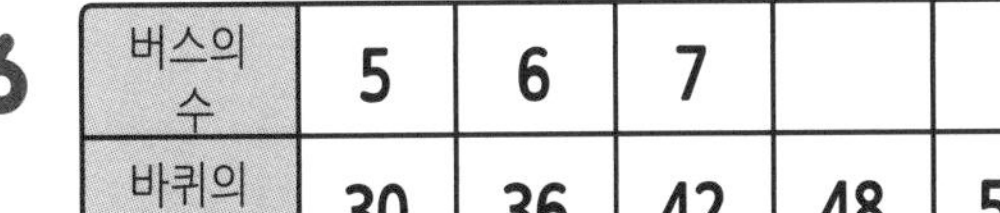

버스의 수	5	6	7		
바퀴의 수	30	36	42	48	54

☐

식만들기 : 버스의 수 = 바퀴의 수 ☐

➡ 버스 바퀴가 60개이면 버스 ☐ 대가 있는 것입니다.

이어서 나는 ☐ 을(를) 공부/연습할거야!!

100 규칙찾아 식만들기

도형(■와 ○)을 이용하여 식만들기 ①

자전거의 수를 ■, 바퀴의 수를 ○라 표시하고, 식으로 나타내기

자전거 수	1	2	3	4	5
바퀴 수	3	6	9	12	15

×3

바퀴의 수 = 자전거의 수 × 3 ➡ ○ = ■ × 3

도형(■와 ○)을 이용하여 식만들기 ②

도형을 이용하여 위의 수를 구하는 식만들기

자전거 수	1	2	3	4	5
바퀴 수	3	6	9	12	15

÷3

자전거의 수 = 바퀴의 수 ÷ 3 ➡ ■ = ○ ÷ 3

아래 표를 완성하고, 표 위의 수를 ■, 아래의 수를 ○라 표시하여 식을 완성하세요.

1

■ 엄마의 나이	21	22	23	24	25
○ 아빠의 나이	20	21	22		24

−1

식만들기 : ○ = ■ ☐

■ = ○ ☐

➡ 엄마 나이가 40살이면 아빠는 ☐ 살 되십니다.

2

■ 박스의 수	1	2	3	4	5
○ 과자의 수	12	24	36		

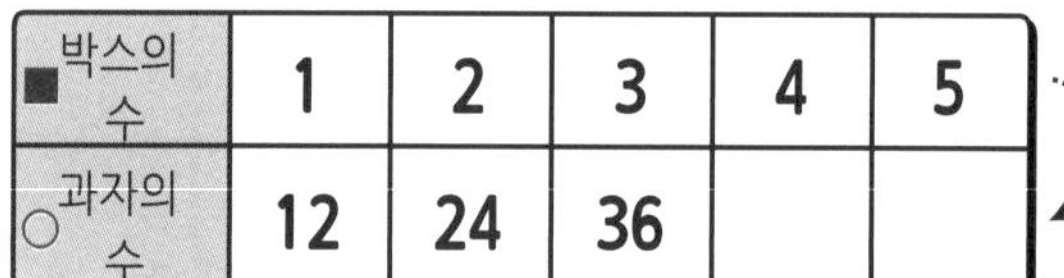

식만들기 : ○ = ■ ☐

■ = ○ ☐

➡ 박스 10개 안에든 과자 수는 ☐ 개 입니다.

3

■ 연도	2015	2016	2017	2018	2019
○ 윤희의 나이	10	11	12		

식만들기 : ○ = ■ ☐

■ = ○ ☐

➡ 2030년이 되면 윤희는 ☐ 살이 됩니다.

4

■ 할아버지의 나이	52	53	54		
○ 할머니의 나이	40	41	42	43	44

식만들기 : ■ = ○ ☐

○ = ■ ☐

➡ 할머니께서 20살일 때 할아버지는 ☐ 살이셨습니다

5

■ 묶음의 수	1	2	3		
○ 낱개의 수	9	18	27	36	45

식만들기 : ■ = ○ ☐

○ = ■ ☐

➡ 낱개 90개를 묶어서 ☐ 묶음을 만들었습니다.

6

■ 꽃잎의 수	32	36	40		
○ 꽃의 수	8	9	10	11	12

식만들기 : ■ = ○ ☐

○ = ■ ☐

➡ 15송이의 꽃을 따서 꽃잎 ☐ 개를 모았습니다.

이어서 나는 ☐ 을(를) 공부/연습할거야!!

확인 (틀린 문제의 수를 적고, 약한 부분을 보충하세요.)

회차	틀린문제수
96 회	문제
97 회	문제
98 회	문제
99 회	문제
100 회	문제

생각해보기

앞에서 배운 5회차 내용이 모두 이해 되었나요?

1. 모두 이해되고 자신있다. → 다음 회로 넘어 갑니다.

2. 2~3문제 틀릴 수는 있겠지만 거의 이해한다.
→ 개념부분을 한번 더 읽고 다음 회로 넘어 갑니다.

3. 잘 모르는 것 같다.
→ 개념부분과 틀린문제를 한번 더 보고 다음 회로 넘어 갑니다.

틀린 문제가 있었다면 왜 틀렸을거라고 생각합니까?

1. 개념 설명이 어려워서 잘 모르겠다. 2. 다 아는데 실수한 것 같다.

3. 빨리 끝내고 싶어서 집중할 수가 없다. 4. 하기 싫어서....

오답노트 (앞에서 틀린 문제나 기억하고 싶은 문제를 적습니다.)

회	번
문제	풀이

회	번
문제	풀이

회	번
문제	풀이

회	번
문제	풀이

회	번
문제	풀이

스스로 알아서 하는

하루 10분 수학

계산편

8단계 총정리문제

4학년 2학기 과정 8회분

101 총정리1 (소수의 덧셈1)

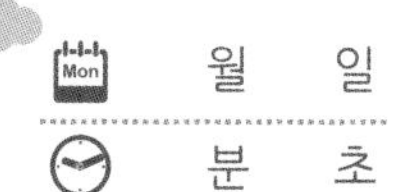

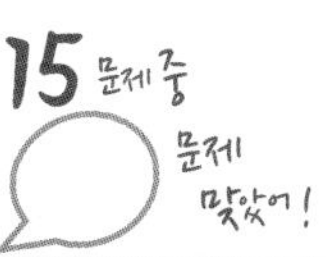

아래 문제를 계산하여 값을 적으세요.

1 0.73 + 5.5 =

2 5.67 + 6.9 =

3 3.95 + 2.7 =

4 5.4 + 9.42 =

5 2.7 + 4.83 =

6 5.102 + 4.2 =

7 0.505 + 5.9 =

8 3.322 + 2.5 =

9 9.5 + 5.786 =

10 6.6 + 2.005 =

11 1.698 + 3.74 =

12 2.645 + 1.16 =

13 4.212 + 3.42 =

14 0.61 + 8.953 =

15 7.94 + 9.842 =

102 총정리2 (소수의 덧셈2)

월 일
분 초

15 문제 중 문제 맞았어

아래 문제를 계산하여 값을 적으세요.

1 $8.97+2.3=$

2 $2.51+5.2=$

3 $7.65+1.8=$

4 $9.7+5.13=$

5 $1.3+9.47=$

6 $1.503+2.5=$

7 $0.979+4.7=$

8 $6.602+5.4=$

9 $2.4+0.464=$

10 $3.5+7.332=$

11 $4.954+0.11=$

12 $5.807+2.59=$

13 $7.804+9.35=$

14 $5.72+4.454=$

15 $9.22+7.143=$

이어서 나는 ______ 을(를) 공부/연습할거야!!

103 총정리3(소수의 뺄셈1)

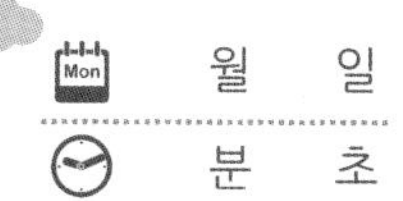

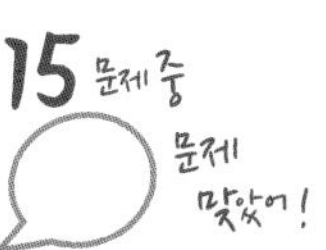

아래 문제를 계산하여 값을 적으세요.

1 $9.9-2.16=$

2 $4.4-4.05=$

3 $6.8-3.87=$

4 $7.3-0.948=$

5 $6.1-1.503=$

6 $6.24-4.523=$

7 $9.09-2.806=$

8 $7.96-6.976=$

9 $4.215-0.73=$

10 $8.395-5.55=$

11 $9.93-8=$

12 $7.139-2.2=$

13 $5.146-4.68=$

14 $8-0.947=$

15 $6-4.828=$

104 총정리4 (소수의 뺄셈2)

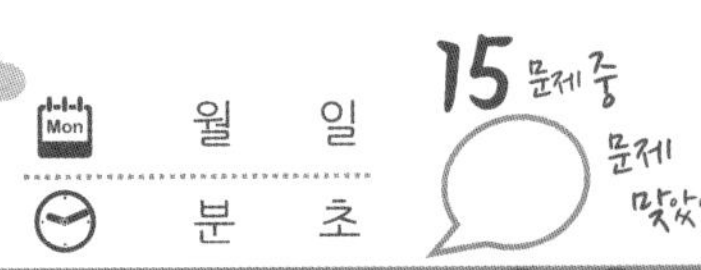

아래 문제를 계산하여 값을 적으세요.

1 7.5 − 3.41 =

2 6.9 − 1.34 =

3 9.1 − 6.82 =

4 2.7 − 2.356 =

5 4.6 − 3.908 =

6 3.76 − 1.733 =

7 0.59 − 0.581 =

8 7.28 − 5.343 =

9 2.305 − 0.26 =

10 9.625 − 4.04 =

11 6.46 − 6 =

12 3.805 − 2.9 =

13 9.786 − 0.38 =

14 5 − 1.026 =

15 8 − 4.907 =

105 총정리5(세자리수 × 두자리수1)

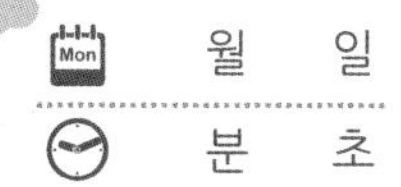

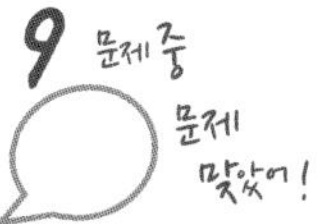

아래 곱셈의 값을 구하세요.

1

$$\begin{array}{r} 152 \\ \times \quad 65 \\ \hline \end{array}$$

2

$$\begin{array}{r} 624 \\ \times \quad 98 \\ \hline \end{array}$$

3

$$\begin{array}{r} 926 \\ \times \quad 41 \\ \hline \end{array}$$

4

$$\begin{array}{r} 143 \\ \times \quad 19 \\ \hline \end{array}$$

5

$$\begin{array}{r} 727 \\ \times \quad 32 \\ \hline \end{array}$$

6

$$\begin{array}{r} 449 \\ \times \quad 57 \\ \hline \end{array}$$

7

$$\begin{array}{r} 552 \\ \times \quad 81 \\ \hline \end{array}$$

8

$$\begin{array}{r} 809 \\ \times \quad 44 \\ \hline \end{array}$$

9

$$\begin{array}{r} 248 \\ \times \quad 68 \\ \hline \end{array}$$

106 총정리6(세자리수 × 두자리수2)

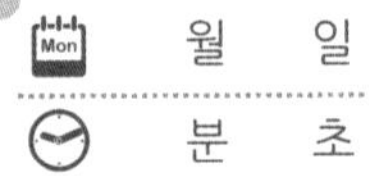

월 일
분 초

아래 곱셈의 값을 구하세요.

1 167×43

2 614×65

3 956×65

4 807×17

5 249×53

6 368×12

7 448×29

8 573×47

9 399×63

이어서 나는 ______ 을(를) 공부/연습할거야!!

107 총정리7 (세자리수 ÷ 두자리수1)

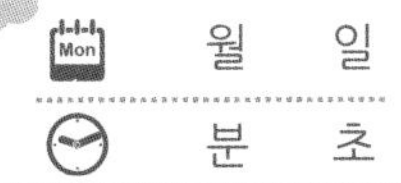

아래 나눗셈의 몫과 나머지를 구하고, 검산해 보세요.

1 533÷43= ☐ … ☐

검산)

2 824÷26= ☐ … ☐

검산)

3 721÷35= ☐ … ☐

검산)

4 654÷24= ☐ … ☐

검산)

5 802÷56= ☐ … ☐

검산)

6 679÷17= ☐ … ☐

검산)

7 553÷53= ☐ … ☐

검산)

8 826÷39= ☐ … ☐

검산)

9 422÷28= ☐ … ☐

검산)

108 총정리8(세자리수 ÷ 두자리수2)

월 일
분 초

아래 나눗셈의 몫과 나머지를 구하고, 검산해 보세요.

1 695÷95= ☐ … ☐

검산)

4 619÷32= ☐ … ☐

검산)

7 774÷22= ☐ … ☐

검산)

2 364÷95= ☐ … ☐

검산)

5 546÷51= ☐ … ☐

검산)

8 168÷13= ☐ … ☐

검산)

3 753÷75= ☐ … ☐

검산)

6 387÷41= ☐ … ☐

검산)

9 877÷47= ☐ … ☐

검산)

 이어서 나는 ☐ 을(를) 공부/연습할거야!!

스스로 알아서 하는

하루 10분 수학

계산편

정답지

4학년 2학기 수준

가능한 학생이 직접 채점합니다.

틀린문제는 다시 풀고 확인하도록 합니다.

문의 : WWW.OBOOK.KR (고객센타 : 031-447-5009)

01회(12p)

01 소수 02 0.7, 영점 칠 03 5, 15, 1.5 04 2.4

05 3, 0.3, 38, 삼점 팔 06 $\frac{3}{10}$, 0.3, 영점 삼

07 9 08 2 09 76, 7, 6 10 83, 8.3

오늘부터 하루10분수학을 꾸준히 정한 시간에 하도록 합니다.
위의 설명을 꼼꼼히 읽고, 그 방법대로 천천히 풀어봅니다.
빨리 푸는 것보다는 정확히 풀도록 노력하세요!!!
틀린 문제나 중요한 문제는 책에 색연필로 표시하고,
오답노트를 작성하거나 5회가 끝나면 다시 보도록 합니다.

02회(13p)

01 삼백십육점 이구 02 0.2 03 육점 영, 같은 수

04 5, 0.1, 0.08, 8, 0.07 05 $\frac{29}{100}$, 0.29

06 0.28, 영점 이팔, $\frac{28}{100}$ 07 9 08 23 09 5.67

03회(14p)

01 십육점이구사, 삼백십육점이구사 02 0.2

03 육점 영칠영 04 5, 0.1 0.08, 0.007 05 $\frac{134}{1000}$, 0.134

06 0.579, 영점 오칠구, $\frac{579}{1000}$

07 9 08 0.023 09 0.567 10 1.079

04회(15p)

01 5.67, 56.7, 567 02 0.26, 2.6, 26 03 0.05, 0.5, 5

04 120.21, 1202.1, 12021 05 30002, 3000.2, 300.02

06 345.6, 34.56, 3.456 07 59.2, 5.92, 0.592

08 3.1, 0.31, 0.031 09 8901.7, 890.17, 89.017

10 50.008, 500.08, 5000.8

05회(16p)

01 0.1, 0.01, 0.001 02 0.5, 3.0, 10.5

03 0.05, 0.3, 1.05, 32 04 0.005, 0.03, 0.105, 3.2

05 ① 5, 0.5, 5 ② 0.056, 0.56, 0.056

③ 5.67, 56.7, 5.67 ④ 65.06, 6.506, 0.6506

06 ① 0.5 ② 0.05 ③ 0.05 ④ 0.1, 0.005 ⑤ 0.005

5회가 끝났습니다. 앞에서 말한 대로 확인페이지를 잘 적고,
개념 부분과 내가 잘 틀리는 것을 꼭 확인해 봅니다.

06회(18p)

01 > 02 < 03 > 04 > 05 <

06 > 07 < 08 > 09 < 10 <

07회(19p)

01 >, 3.829 02 <, 1.24 03 >, 2.517 04 >, 1.078

05 <, 3.526 06 >, 4.54 07 >, 7.026 08 <, 3.157

09 >, 8.520 10 >, 6.526 11 <, 5.481 12 <, 8.520

13 >, 3.697 14 <, 2.01

08회(20p)

01 1.1 02 1.1 03 1.2 04 1.5 05 1.7 06 1.0

07 0.9 08 1.1 09 1.1 10 1.2 11 1.7 12 1.8

09회(21p)

01 4.3 02 8.3 03 7 04 9.5 05 8.5 06 8.2

07 9.2 08 8 09 9.6 10 9.3 11 7.6 12 5

10회(22p)

01 11.3 02 11.3 03 10.4 04 13.5 05 13.5 06 12.2

07 12.2 08 15.7 09 16.1 10 11.3 11 17.6 12 11

※ 하루 10분수학을 다하고 다음에 할 것을 정할 때
수학익힘책을 예습하거나, 복습하는 것도 좋습니다.
수학의 기초는 하루10분수학으로 !!!

11회(24p)

01 0.41　02 0.93　03 0.92　04 0.82
05 0.91　06 0.70　07 0.78　08 0.62
09 0.90　10 0.82　11 0.83　12 0.73

12회(25p)

01 7.11　02 7.01　03 9.24　04 8.50
05 3.82　06 7.92　07 13.09　08 15.12
09 4.62　10 9.05　11 4.02　12 10.35

13회(26p)

01 0.584　02 0.437　03 0.777　04 0.327
05 0.863　06 0.635　07 0.629　08 0.210
09 0.711　10 0.831　11 0.560　12 0.830

14회(27p)

01 8.584　02 2.437　03 7.777　04 7.327
05 1.863　06 3.635　07 7.629　08 6.210
09 4.711　10 2.831　11 9.560　12 6.830

15회(28p)

01 1.3, 1.4, +, 1.3+1.4, 2.7　식) 1.3+1.4　답) 2.7

02 4.7, 6.5, +, 4.7+6.5, 11.2　식) 4.7+6.5　답) 11.2

03 첫째줄 = 7.2초,　둘째줄 = 5.8초

둘째줄까지 걸리는 시간 = 첫째줄 + 둘째줄까지 걸리는 시간 이므로 식은 7.2+5.8이고, 답은 13(초)입니다.

식) 7.2+5.8　답) 13초

생각문제의 마지막 04번은 내가 만드는 문제입니다.
내가 친구나 동생에게 문제를 낸다면 어떤 문제를 낼지 생각해서 만들어 보세요.
좋은 문제를 만들 수록, 더 확실히 이해하고 있는 것입니다.
재미있는 문제를 만들어보세요!!!

16회(30p)

01 3.74　02 8.06　03 9.208　04 8.777
05 5.607　06 4.899　07 7.617　08 7.738
09 9.33　10 11.98　11 10.603　12 14.091

17회(31p)

01 7.84　02 4.76　03 7.84　04 3.16　05 7.07
06 8.984　07 6.163　08 4.439　09 7.915　10 8.669
11 6.904　12 5.342　13 8.222　14 6.408　15 12.001

18회(32p)

01 8.19　02 6.04　03 4.06　04 6.27　05 7.67
06 7.384　07 6.139　08 9.216　09 6.436　10 6.505
11 10.069　12 7.786　13 6.394　14 9.727　15 11.049

19회(33p)

01 5.56　02 6.78　03 9.02　04 7.36　05 9.38
06 7.336　07 10.086　08 7.648　09 10.768　10 18.025
11 5.306　12 6.815　13 8.176　14 16.174　15 11.008

20회(34p)

01 0.67, 0.54, +, 0.67+0.54, 1.21

식) 0.67+0.54　답) 1.21

02 0.89, 0.15, +, 0.89+0.15, 1.04

식) 0.89+0.15　답) 1.04

03 반대편 = 20.59초, 돌아오는 시간 = 26.63초
갔다오는 시간 = 반대편 + 돌아오는 시간 이므로
식은 20.59+26.63이고, 답은 47.22(초)입니다.
식) 20.59+26.63 답) 47.22초

21회(36p)

01 0.3 02 0.3 03 0.3 04 0.1 05 0.1 06 0.6
07 0.0 08 0.4 09 0.2 10 0.2 11 0.1 12 0.0

22회(37p)

01 1.2 02 3.3 03 5.2 04 2.3 05 1.7 06 0.1
07 2.6 08 6.0 09 5.2 10 6.4 11 2.4 12 0.0

23회(38p)

01 1.6 02 2.5 03 5.7 04 2.7 05 1.9 06 2.5
07 4.7 08 2.5 09 3.7 10 1.7 11 3.5 12 0.1

24회(39p)

01 2.6 02 4.0 03 0.8 04 4.6 05 2.6
06 6.5 07 4.7 08 4.1 09 5.2 10 6.9
11 6.5 12 0.6 13 0.2 14 2.8 15 5.6

25회(40p)

01 3.4, 1.6, −, 3.4−1.6, 1.8 식) 3.4−1.6 답) 1.8
02 10.6, 5.8, −, 10.6−5.8, 4.8 식) 10.6−5.8 답) 4.8
03 둘째줄까지 걸린 시간 = 23.2초, 첫째줄 = 15.8초
둘째줄 시간 = 둘째줄까지 걸린 시간 − 첫째줄 걸린시간
이므로 식은 23.2−15.8이고, 답은 7.4(초)입니다.
식) 23.2−15.8 답) 7.4초

04 문제 만들기 어려우면, 앞의 문제에서 숫자만 바꿔 봅니다.

생각문제와 같이 글로된 문제를 풀때는 꼼꼼히 중요한 것을 적고, 깨끗이 순서대로 적으면서 푸는 연습을 합니다.
수학은 느낌으로 문제를 푸는 것이 아니라,
원리를 이용하여 차근차근 생각하면서 푸는 과목입니다.

26회(42p)

01 0.09 02 0.69 03 0.18 04 0.44
05 0.25 06 0.38 07 0.00 08 0.32
09 0.07 10 0.48 11 0.55 12 0.01

27회(43p)

01 3.55 02 1.67 03 7.58 04 3.78
05 3.48 06 0.62 07 2.37 08 1.96
09 3.68 10 4.47 11 2.90 12 1.39

28회(44p)

01 0.030 02 0.419 03 0.479 04 0.099
05 0.105 06 0.303 07 0.079 08 0.164
09 0.297 10 0.441 11 0.370 12 0.404

29회(45p)

01 2.030 02 1.619 03 5.479 04 1.099
05 8.105 06 5.303 07 3.079 08 0.164
09 4.297 10 0.441 11 3.370 12 2.904

30회(46p)

01 2.57 06 6.85 11 6.905
02 3.95 07 4.67 12 0.752
03 1.28 08 4.08 13 1.252
04 5.06 09 5.13 14 2.988
05 2.76 10 6.92 15 6.146

31회 (48p)

⓪1 5.46 ⓪2 4.86 ⓪3 3.392 ⓪4 0.977
⓪5 1.493 ⓪6 4.341 ⓪7 4.337 ⓪8 3.378
⓪9 1.67 ⑩ 5.98 ⑪ 6.397 ⑫ 3.091

32회 (49p)

⓪1 4.64	⓪6 7.784	⑪ 1.644
⓪2 3.76	⓪7 1.863	⑫ 2.412
⓪3 3.94	⓪8 0.639	⑬ 2.696
⓪4 0.24	⓪9 0.285	⑭ 1.942
⓪5 1.33	⑩ 6.131	⑮ 0.109

33회 (50p)

⓪1 1.29	⓪6 0.327	⑪ 4.23
⓪2 4.65	⓪7 2.524	⑫ 7.619
⓪3 0.73	⓪8 3.644	⑬ 0.574
⓪4 0.322	⓪9 0.485	⑭ 0.043
⓪5 2.527	⑩ 4.845	⑮ 0.191

34회 (51p)

⓪1 1.19	⓪6 1.927	⑪ 1.36
⓪2 4.46	⓪7 4.979	⑫ 4.955
⓪3 7.38	⓪8 7.737	⑬ 4.416
⓪4 3.844	⓪9 7.845	⑭ 2.086
⓪5 0.492	⑩ 8.285	⑮ 1.302

35회 (52p)

⓪1 0.73, 0.65, −, 0.73−0.65, 0.08
⓪2 식) 0.73−0.65 답) 0.08
⓪3 1.07, 0.19, −, 1.07−0.19, 0.88
식) 1.07−0.19 답) 0.88

⓪3 갔다온 시간 = 41.76초 가는 시간 = 19.69초
돌아오는데 걸린시간 = 갔다온 시간 − 가는 시간 이므로
식은 41.76−19.69이고, 답은 22.07(초)입니다.
식) 41.76−19.69 답) 22.07초

※ 5회가 끝나면 나오는 확인페이지 잘하고 있나요?
공부는 누가 더 복습을 잘하는 가에 실력이 달라집니다.

36회 (54p)

⓪1 3.518 ⓪2 0.614 ⓪3 0.679
⓪4 1.563 ⓪5 2.441 ⓪6 1.937

37회 (55p)

⓪1 4.361 ⓪2 9.914 ⓪3 7.774 ⓪4 3.979
⓪5 7.587 ⓪6 6.609 ⓪7 7.587 ⓪8 0.295

38회 (56p)

⓪1 7.658 ⓪2 7.799 ⓪3 4.649 ⓪4 6.670
⓪5 4.264 ⓪6 3.041 ⓪7 2.183 ⓪8 1.578

39회 (57p)

⓪1 4.736 ⓪2 10.164 ⓪3 1.686 ⓪4 4.589
⓪5 9.495 ⓪6 9.895 ⓪7 0.696 ⓪8 0.188

40회 (58p)

⓪1 2.1, 1.5, 1.9, +, +, 2.1+1.5+1.9, 5.5
식) 2.1+1.5+1.9 답) 5.5
⓪2 1.26, 0.39, 0.18, −, −, 1.26−0.39−0.18, 0.69
식) 1.26−0.39−0.18 답) 0.69
⓪3 테이프 길이 = 0.66m, 겹친 부분 = 0.09m
전체길이 = 테이프 1개의 길이 + 다른 테이프 길이−
겹친 부분이므로 식은 0.66+0.66−0.09이고
답은 1.23m입니다.

41회(60p)

01 7.13	04 5.22	07 5.569	10 0.206
02 3.09	05 7.999	08 4.627	11 4.658
03 2.01	06 9.44	09 2.502	12 5.37

42회(61p)

01 4.376	04 6.321	07 4.69	10 6.345
02 6.94	05 5.747	08 1.811	11 2.95
03 8.731	06 2.99	09 4.957	12 0.61

43회(62p)

01 4.33, 6.2	04 5.143, 7.703	07 9.14, 6.362
02 2, 4.52	05 4.558, 6.858	08 4.857, 2.327
03 6.389, 8.589	06 2.77, 0.304	09 0.78, 0.17

44회(63p)

01 5.21, 6.192	04 4.582, 1.122	07 8.909, 11.509
02 3.939, 7.239	05 3.89, 1.979	08 7.51, 5.785
03 8.378, 3.538	06 7.224, 7.814	09 2.636, 0.066

45회(64p)

①② ④③

01	① 5.518	② 4.28	③ 1.128	④ 0.11
02	① 9.772	② 4.014	③ 1.786	④ 3.972
03	① 8.18	② 5.883	③ 0.98	④ 1.317
04	① 10.9	② 5.739	③ 2.771	④ 2.39
05	① 7.739	② 4.759	③ 2.539	④ 0.441
06	① 16.394	② 13.11	③ 1.39	④ 1.894

※ 이제 소수의 덧셈과 뺄셈은 모두 배웠습니다.
소수점의 위치를 마춰 적고, 빼거나 더하고
소수점을 위치에 맞게 찍어주면 됩니다.
같은 방법으로 소수점 10째자리가 넘는 수도 계산할 수 있습니다. 조금더 연습해서 실수하지 않도록 노력합니다.

46회(66p)

01 수직, 수선　02 다, 가

03

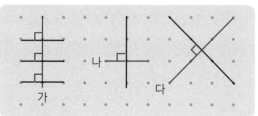

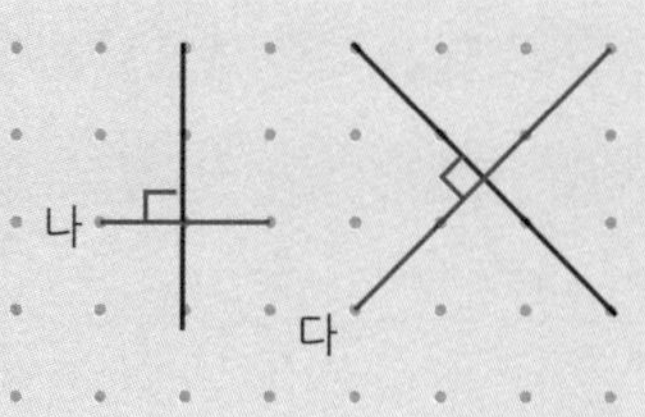

04 평행, 평행선　05 다, 나

06

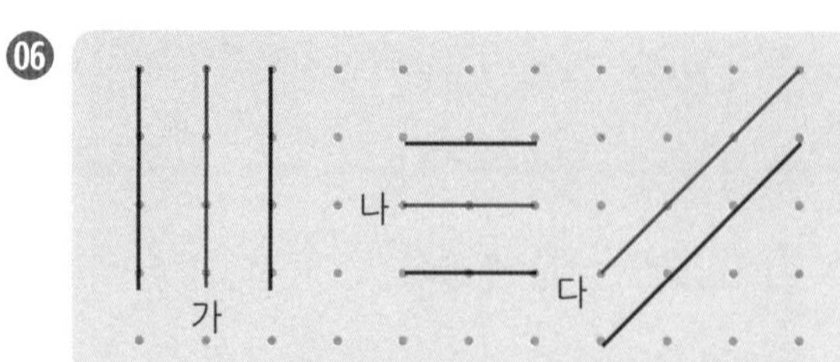

※ 한 직선에 대한 수선과 평행선은 무수히 많습니다.
위의 03 06의 답을 참고하여 수선과 평행선을 그려 봅니다.
수선을 그릴때는 직각 ┏ 표시를 하도록 합니다.

47회(67p)

01 60°　02 50°　03 45°　04 22°

05 140°　06 80°　07 50°　08 60°

48회(68p)

01 수직, 거리　02 평행선, ㄱㄷ　03 10, 15　04 1.5

05 자로 길이를 재서 그려보세요.　06 원이나 둥근모양이 들어가면 안돼요^^

49회(69p)

01 60°　02 60°　03 60°　04 135°　05 130°　06 99°

50회(70p)

01 ① 125° ② 125°	05 ① 126° ② 126°
02 ① 110° ② 110°	06 ① 107° ② 73° ③ 107°
03 ① 79° ② 79° ③ 101°	07 ① 141° ② 39°
04 ① 138° ② 138° ③ 42°	08 ① 82° ② 82° ③ 98°

51회(72p)

01 60°, □+60°+60°=180°, □=180°−60°−60°=60°

02 55°, □+35°+90°=180°, □=180°−35°−90°=55°

03 45°, □+45°+90°=180°, □=180°−45°−90°=45°

04 105°, □+45°+30°=180°, □=180°−45°−30°=105°

05 37°, □+96°+47°=180°, □=180°−96°−47°=37°

06 45°, □+58°+77°=180°, □=180°−58°−77°=45°

52회(73p)

01 90°, □=360°−90°−90°−90°=90°

02 135°, □=360°−45°−90°−90°=135°

03 100°, □=360°−45°−125°−90°=100°

04 105°, □=360°−65°−75°−115°=65°

05 55°, □=360°−105°−55°−145°=55°

06 100°, □=360°−115°−55°−90°=100°

53회(74p)

01 사다리꼴 02 평행사변형 03 마름모

04 직사각형 05 정사각형 06 정사각형, 사다리꼴, 평행사변형, 마름모, 직사각형, 정사각형

54회(75p)

01 108° 02 119° 03 69° 04 75°

05 59° 06 143° 07 68° 08 149°

55회(76p)

01 ~ 05 53일차 개념부분을 보고 확인해 봅니다.

06 34cm 07 161, 161, 19, 360 08 32cm

09 ① 112° ② 68° ③ 68° ④ 360° 10 정사각형

사다리같이 생긴 사각형 = 사다리꼴
다이아몬드같이 생긴 사각형 = 마름모

56회(78p)

01 이상, 30 02 95, 60.9, 59.01, 59

03 910, 91.01, 91.00 04 (36 ●→)

05 이하, 30 06 49, 59 07 9.1, 19.91, 91.00

08 (←● 36)

57회(79p)

01 초과, 30 02 95, 60.9, 59.01

03 910, 91.01 04 (36 ○→) 05 미만, 30

06 49 07 9.1, 19.91 08 (←○ 36)

58회(80p)

01 이상, 이하, 초과, 미만 02 (○ 36 — 40 ●)

03 (● 59 — 61 ●) 04 (○ 70 — 85 ○) 05 (● 95 — 101 ○)

06 18, 39, 18.01 07 100.01, 91.01, 119, 118.9

08 43.92, 30.8, 29.10, 53.9 09 89,90,91,92 10 12개

59회(81p)

01 십, 백 02 14000 03 13700 04 20000

05 13000 06 13600 07 10000

08

5970	6000
2490	3000
69520	70000
20010	21000
199770	200000

09

5960	5000
2480	2000
69510	69000
20000	20000
199770	199000

60회(82p)

01 일,십,백 02 35400 03 35000 04 35000

05 40000

06

5960	6000
2490	2000
69520	70000
20000	20000
199770	20000

07

6000	5000	5000
9000	8000	9000
91000	90000	91000
59000	59000	59000
655000	654000	655000

61회(84p)

01 $= (1+2) + \frac{1+2}{4} = 3\frac{3}{4}$

02 $= (2+2) + \frac{3+1}{5} = 4\frac{4}{5}$

03 $= (3+1) + \frac{1+2}{6} = 4\frac{3}{6}$

04 $= (1+2) + \frac{4+3}{5} = 3\frac{7}{5} = 4\frac{2}{5}$

05 $= (1+3) + \frac{3+5}{6} = 4\frac{8}{6} = 5\frac{2}{6}$

06 $= (3+4) + \frac{7+8}{9} = 7\frac{15}{9} = 8\frac{6}{9}$

03 $= (1+5) + \frac{5+4}{7} = 6\frac{9}{7} = 7\frac{2}{7}$

04 $= (3+3) + \frac{3+2}{4} = 6\frac{5}{4} = 7\frac{1}{4}$

05 $= \frac{29}{6} + \frac{15}{6} = \frac{29+15}{6} = \frac{44}{6} = 7\frac{2}{6}$

06 $= \frac{12}{5} + \frac{9}{5} = \frac{12+9}{5} = \frac{21}{5} = 4\frac{1}{5}$

07 $= \frac{12}{7} + \frac{39}{7} = \frac{12+39}{7} = \frac{51}{7} = 7\frac{2}{7}$

08 $= \frac{15}{4} + \frac{14}{4} = \frac{15+14}{4} = \frac{29}{4} = 7\frac{1}{4}$

62회(85p)

01 $= (3+1) + \frac{1+2}{5} = 4\frac{3}{5}$

02 $= (1+0) + \frac{3+2}{7} = 1\frac{5}{7}$

03 $= (5+3) + \frac{4+2}{9} = 8\frac{6}{9}$

04 $= (4+2) + \frac{2+2}{6} = 6\frac{4}{6}$

05 $= (3+2) + \frac{5+2}{8} = 5\frac{7}{8}$

06 $= (2+1) + \frac{2+4}{5} = 3\frac{6}{5} = 4\frac{1}{5}$

07 $= (2+0) + \frac{4+5}{6} = 2\frac{9}{6} = 3\frac{3}{6}$

08 $= (1+2) + \frac{7+4}{9} = 3\frac{11}{9} = 4\frac{2}{9}$

09 $= (3+1) + \frac{3+5}{7} = 4\frac{8}{7} = 5\frac{1}{7}$

10 $= (4+3) + \frac{3+2}{4} = 7\frac{5}{4} = 8\frac{1}{4}$

63회(86p)

01 $= (4+2) + \frac{5+3}{6} = 6\frac{8}{6} = 7\frac{2}{6}$

02 $= (2+1) + \frac{2+4}{5} = 3\frac{6}{5} = 4\frac{1}{5}$

64회(87p)

01 $= (3+1) + \frac{3+5}{6} = 4\frac{8}{6} = 5\frac{2}{6}$

02 $= (1+2) + \frac{4+3}{5} = 3\frac{7}{5} = 4\frac{2}{5}$

03 $= (0+5) + \frac{5+2}{7} = 5\frac{7}{7} = 6$

04 $= (2+0) + \frac{3+2}{4} = 2\frac{5}{4} = 3\frac{1}{4}$

05 $= (1+4) + \frac{5+3}{8} = 5\frac{8}{8} = 6$

06 $= \frac{19}{7} + \frac{31}{7} = \frac{19+31}{7} = \frac{50}{7} = 7\frac{1}{7}$

07 $= \frac{10}{3} + \frac{8}{3} = \frac{10+8}{3} = \frac{18}{3} = 6$

08 $= \frac{44}{6} + \frac{5}{6} = \frac{44+5}{6} = \frac{49}{6} = 8\frac{1}{6}$

09 $= \frac{27}{5} + \frac{4}{5} = \frac{27+4}{5} = \frac{31}{5} = 6\frac{1}{5}$

10 $= \frac{16}{9} + \frac{35}{9} = \frac{16+35}{9} = \frac{51}{9} = 5\frac{6}{9}$

65회(88p)

01 어제 마신 우유 $= 2\frac{2}{3}$, 오늘마신 우유 $= 1\frac{1}{3}$

식은 $2\frac{2}{3} + 1\frac{1}{3}$ 이고, 답은 4 통 입니다.

식 답

02 학교 가는 거리 = $1\frac{4}{5}$, 학교에서 오는 거리 = $1\frac{4}{5}$

전체 거리 = 학교 가는 거리 + 학교에서 오는거리 이므로

식은 $1\frac{4}{5}+1\frac{4}{5}$ 이고, 답은 $3\frac{3}{5}$ km입니다.

03 고구마의 무게 = $1\frac{1}{6}$, 감자의 무게 = $3\frac{4}{6}$

전체 무게 = 고구마의 무게 + 감자의 무게 이므로

식은 $1\frac{1}{6}+3\frac{4}{6}$ 이고, 답은 $4\frac{5}{6}$ kg입니다.

※ 답을 적을때는 꼭 단위를 적어야 합니다.
몇 개로 물었으면 "개", 몇 kg을 물으면 "kg"을 붙여줍니다.
단위를 붙이지 않으면, 틀렸다고 말할 수도 있습니다.

66회(90p)

01 $=(2-1)+\frac{3-1}{4}=1\frac{2}{4}$　02 $=(4-2)+\frac{3-2}{5}=2\frac{1}{5}$

03 $=(3-0)+\frac{5-1}{6}=3\frac{4}{6}$　04 $=(1-1)+\frac{7-5}{9}=\frac{2}{9}$

05 $2\frac{5}{4}$, $\frac{3}{4}$　06 $3\frac{8}{5}$, $3\frac{4}{5}$

07 $3\frac{9}{6}$, $2\frac{5}{6}$　08 $1\frac{8}{7}$, $\frac{5}{7}$

67회(91p)

01 $=(3-2)+\frac{3-2}{5}=1\frac{1}{5}$　02 $=(4-1)+\frac{3-2}{7}=3\frac{1}{7}$

03 $=(2-2)+\frac{4-2}{9}=\frac{2}{9}$　04 $=(3-1)+\frac{2-2}{6}=2$

05 $=(1-0)+\frac{5-2}{8}=1\frac{3}{8}$　06 $=4\frac{8}{5}-4\frac{4}{5}=\frac{4}{5}$

07 $=6\frac{7}{6}-3\frac{5}{6}=3\frac{2}{6}$　08 $=7\frac{13}{9}-1\frac{7}{9}=6\frac{6}{9}$

09 $=3\frac{9}{7}-3\frac{4}{7}=\frac{5}{7}$　10 $=2\frac{5}{4}-1\frac{3}{4}=1\frac{2}{4}$

※ 부지불식 일취월장 - 자신도 모르게 성장하고 발전한다.
꾸준히 무엇인가를 하다보면 어느 순간 달라진 나 자신을 발견하게 됩니다.
무엇이든 할 수 있다고 생각하고 노력하면,
잘하게 되고, 사람도 많이 따르게 됩니다.

68회(92p)

01 $=4\frac{7}{6}-2\frac{3}{6}=2\frac{4}{6}$　02 $=3\frac{8}{5}-3\frac{4}{5}=\frac{4}{5}$

03 $=2\frac{9}{7}-1\frac{4}{7}=1\frac{5}{7}$　04 $=1\frac{5}{4}-1\frac{3}{4}=\frac{2}{4}$

05 $=\frac{31}{6}-\frac{15}{6}=\frac{31-15}{6}=\frac{16}{6}=2\frac{4}{6}$

06 $=\frac{23}{5}-\frac{19}{5}=\frac{23-19}{5}=\frac{4}{5}$

07 $=\frac{23}{7}-\frac{11}{7}=\frac{23-11}{7}=\frac{12}{7}=1\frac{5}{7}$

08 $=\frac{9}{4}-\frac{7}{4}=\frac{9-7}{4}=\frac{2}{4}$

69회(93p)

01 $=3\frac{9}{7}-2\frac{5}{7}=1\frac{4}{7}$　02 $=6\frac{11}{9}-1\frac{7}{9}=5\frac{4}{9}$

03 $=2\frac{7}{5}-1\frac{4}{5}=1\frac{3}{5}$　04 $=5\frac{5}{4}-3\frac{2}{4}=2\frac{3}{4}$

05 $=7\frac{4}{3}-\frac{2}{3}=7\frac{2}{3}$

06 $=\frac{67}{9}-\frac{14}{9}=\frac{67-14}{9}=\frac{53}{9}=5\frac{8}{9}$

07 $=\frac{43}{8}-\frac{12}{8}=3\frac{7}{8}$　08 $=\frac{25}{6}-\frac{17}{6}=1\frac{2}{6}$

09 $=\frac{66}{13}-\frac{46}{13}=1\frac{7}{13}$　10 $=\frac{58}{21}-\frac{11}{21}=2\frac{5}{21}$

70회(94p)

01 처음 우유 = 4, 먹은 우유 = $2\frac{2}{3}$

남은 우유 = 처음 우유 - 먹은 우유 이므로

식은 $4-2\frac{2}{3}$ 이고, 답은 $1\frac{1}{3}$ 통입니다.

02 학교 가는 거리 = $2\frac{1}{5}$, 지금까지 걸어온 거리 = $1\frac{4}{5}$

남은 거리 = 학교 가는 거리 - 걸어온 거리 이므로

식은 $2\frac{1}{5}-1\frac{4}{5}$ 이고, 답은 $\frac{2}{5}$ km입니다.

③ 가득 채운 상자의 무게 = $3\frac{1}{6}$, 현재 무게 = $1\frac{5}{6}$

남은 무게 = 가득 채운 상자의 무게 − 현재 무게 이므로

식은 $3\frac{1}{6}-1\frac{5}{6}$ (식) 이고, 답은 $1\frac{2}{6}$ (답) kg입니다.

71회(96p)

① $1\frac{3}{5}$, $7\frac{1}{5}$ ② $3\frac{3}{4}$, $1\frac{1}{4}$ ③ $3\frac{6}{7}$, $2\frac{3}{7}$

④ $1\frac{5}{9}$, 4 ⑤ $3\frac{2}{6}$, $6\frac{1}{6}$ ⑥ $1\frac{2}{3}$, 1

72회(97p)

① 5 , $5\frac{1}{3}$ ② $4\frac{5}{6}$, $\frac{2}{6}$ ③ $4\frac{7}{9}$, $2\frac{6}{9}$

④ $1\frac{1}{7}$, $2\frac{6}{7}$ ⑤ $3\frac{7}{8}$, $8\frac{2}{8}$ ⑥ $4\frac{10}{20}$, $2\frac{1}{20}$

73회(98p)

① $1\frac{3}{4}$, $4\frac{2}{4}$ ② $4\frac{6}{8}$, $6\frac{7}{8}$ ③ 4 , $1\frac{1}{5}$

④ 2 , $4\frac{1}{2}$ ⑤ $3\frac{1}{9}$, $1\frac{4}{9}$ ⑥ $3\frac{9}{15}$, 1

74회(99p)

① $4\frac{1}{3}$, 7 ② $3\frac{2}{5}$, $5\frac{3}{5}$ ③ $7\frac{3}{8}$, $5\frac{2}{8}$

④ $2\frac{1}{4}$, 5 ⑤ $7\frac{2}{4}$, $2\frac{3}{4}$ ⑥ $2\frac{10}{11}$, $\frac{7}{11}$

75회(100p)

① 처음 우유 = 4 , 먹은 우유 = $2\frac{5}{8}$, 더사온 우유 = 2

지금 우유 = 처음 우유 − 먹은 우유 + 더사온 우유이므로

식은 $4-2\frac{5}{8}+2$ (식) 이고, 답은 $3\frac{3}{8}$ (답) 통입니다.

② 처음 양 = $3\frac{2}{5}$, 먹은양 = $2\frac{4}{5}$, 더 넣은 양 = $1\frac{3}{5}$

지금 양 = 처음 − 오전에 먹은 양 + 더 넣은 양이므로

식은 $3\frac{2}{5}-2\frac{4}{5}+1\frac{3}{5}$ (식) 이고, 답은 $2\frac{1}{5}$ (답) L입니다.

③ 처음 양 = $2\frac{5}{6}$, 고구마 = $1\frac{3}{6}$, 감자 = $3\frac{5}{6}$

지금 양 = 처음 + 고구마 양 + 감자 양이므로

식은 $2\frac{5}{6}+1\frac{3}{6}+3\frac{5}{6}$ (식) 이고, 답은 $8\frac{1}{6}$ (답) kg입니다.

벌써 75회를 했습니다. 정한 시간에 꾸준히 하고 있나요?
가랑비에 옷이 젖듯이 꾸준히 하다보면 수학이 좋아질거에요^^

76회(102p)

① 13201 ② 28210 ③ 1326, 11050, 12376

④ 2068, 10340, 12408 ⑤ 14364 ⑥ 31710

⑦ 32096

77회(103p)

① 71246 ② 35964 ③ 3222, 10740, 13962

④ 2688, 44800, 47488 ⑤ 6298 ⑥ 10050

⑦ 51460 ⑧ 13500 ⑨ 53816 ⑩ 14858

78회(104p)

① 88288 ② 57834 ③ 21978 ④ 11352 ⑤ 23142

⑥ 10999 ⑦ 59724 ⑧ 20880

79회(105p)

① 9200 ② 35950 ③ 9490 ④ 45448 ⑤ 35568

⑥ 18338 ⑦ 3372 ⑧ 22752 ⑨ 28575

※ 틀리는 문제가 계속 있다면 왜 틀리는지 곰곰히 생각해 봅니다
집중을 하지 않던지, 원리를 이해하지 못할 수 있습니다.

80회(106p)

① 상자수 = 197, 한상자의 사과수 = 35

전체 사과 수 = 상자수 × 한상자의 사과수 이므로

식은 197 × 35(식)이고, 답은 6895(개)(답)입니다.

② 1개에 필요한 색줄 = 125, 학생수 = 24

전체 색줄 = 1개에 필요한 색줄 × 학생수 이므로

식은 125 × 24(식)이고, 답은 3000(mm)(답)입니다.

③ 초등학교 수 = 267, 노트북 수 = 16

전체 노트북 = 초등학교 수 × 1학교당 노트수 이므로

식은 267 × 16(식)이고, 답은 4272(대)(답)입니다.

81회(108p)

① 18,11 ② 14,18 ③ 22,13

④ 20,3 ⑤ 12, 8 ⑥ 26,34

82회(109p)

① 39, 15, 17×39+15=678

② 14, 21, 26×14+21=385

③ 16, 24, 32×16+24=536

④ 10, 39, 65×10+39=689

⑤ 19, 29, 41×19+29=808

⑥ 12, 46, 72×12+46=910

⑦ 11, 9, 53×11+ 9=592

⑧ 18, 24, 38×18+24=708

⑨ 26, 11, 29×26+11=765

83회(110p)

① 24, 15, 37×24+15=903

② 18, 5, 23×18+ 5=419

③ 36, 6, 17×36+ 6=618

④ 12, 20, 42×12+20=524

⑤ 17, 5, 36×17+ 5=617

⑥ 13, 23, 53×13+23=712

⑦ 20, 21, 24×20+21=501

⑧ 26, 20, 32×26+20=852

⑨ 49, 15, 16×49+15=799

84회(111p)

① 21, 20, 42×21+20=923

② 29, 7, 25×29+ 7=732

③ 11, 8, 61×11+ 8=679

④ 26, 12, 32×26+12=844

⑤ 28, 6, 19×28+ 6=538

⑥ 12, 12, 73×12+12=888

⑦ 25, 7, 21×25+ 7=532

⑧ 56, 10, 16×56+10=906

⑨ 12, 45, 49×12+45=633

85회(112p)

① 천원 수 = 150, 동화책 1권당 천원 수 = 11

천원 수 ÷ 1권의 동화책에 필요한 천원수 의 몫이므로

식은 150 ÷ 11의 몫(식)이고, 답은 13(권)(답)입니다.

② 사과 수 = 290, 포장 수 = 24

사과 수 ÷ 포장 수 의 나머지 이므로

식은 290÷24의 나머지(식)이고, 답은 2(개)(답)입니다.

③ 색종이 수 = 321, 종이자전거 1개당 색종이 = 17

전체 색종이 수 ÷ 종이자전거1개당 색종이의 몫 이므로

식은 321 ÷ 17의 몫(식)이고, 답은 18(개)(답)입니다.

※ 이 교재를 본 후에 이어서 다른 공부를 하거나, 특기 연습을 하도록 합니다.

86회(114p)

01 5, 3520 02 9, 7560 03 7, 3346
04 8, 7344 05 13, 8606 06 30, 5310

87회(115p)

01 19, 16777 02 12, 10188 03 20, 9560
04 3, 327 05 19, 12578 06 11, 1386

88회(116p)

01 9, 5823 02 21, 10479 03 12, 3036
04 27, 2889 05 13, 10387 06 13, 5889

89회(117p)

01 29, 26013 02 2, 872 03 14, 8778
04 21, 18060 05 17, 6086 06 8, 4072

90회(118p)

01 52, 58500 02 15, 40560 03 19, 34048
04 19, 21793 05 34, 35802 06 19, 67868

91회(120p)

01 62,82 02 61 03 29 04 95
05 33,42 06 61 07 87 08 95

92회(121p)

01 10,100 02 432,144 03 4,1 04 80,4000
05 90,1 06 12,144 07 4,16 08 1000,4000

93회(122p)

01 89 02 176 03 2 04 47 05 100 06 52

94회(123p)

01 7 02 69 03 94 04 3 05 21 06 43

95회(124p)

01 5 02 9 03 0 04 60 05 32 06 10 07 0 08 20

96회(126p)

01 표, 막대그래프 02 표 03 막대그래프
04 막대그래프, 막대그래프, 표

05 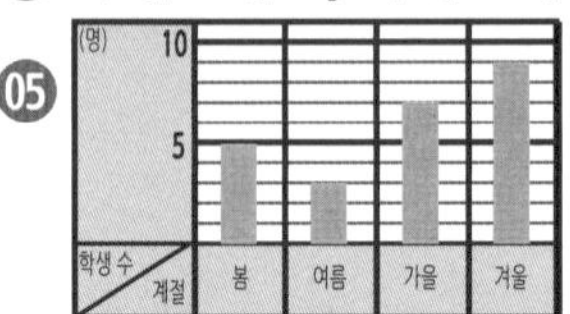

06 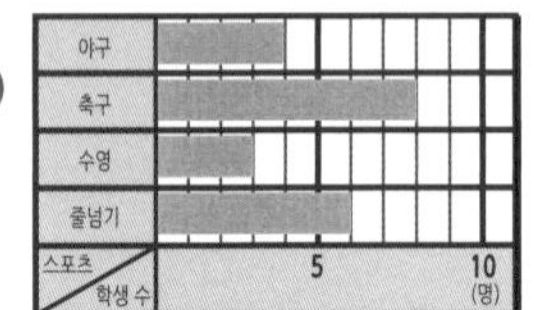

97회(127p)

01 꺾은선그래프 02 꺾은선그래프 03 낮은, 줄어, 중간값
04 ① 29,20
② 1,2,3,4
④ 1,2

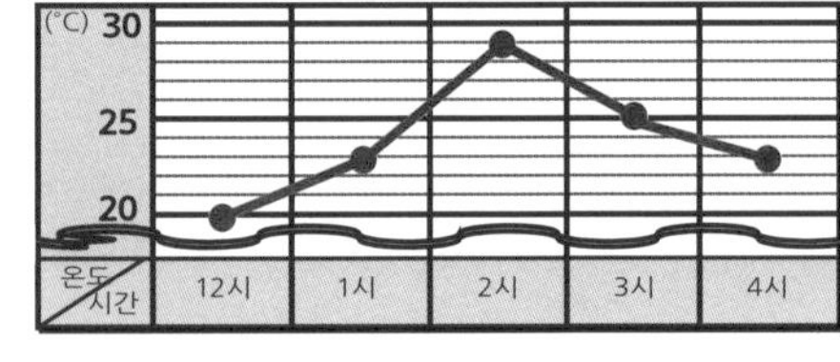

98회(128p)

01 표, 막대그래프, 꺾은선그래프 02 상대적인 크기, 수치의 크기, 많고 적음
03 시간, 늙어나고 줄어듦, 중간값 04 시간, 연속성
05 ① 2012,2015
② 2013
③ 2015,2016
④ 2014, 적을

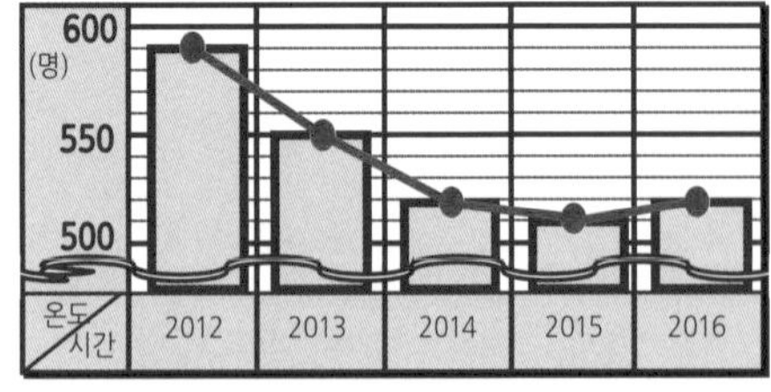

99회(129p)

01 45, +32, +32, 52 02 16, 20, ×4, ×4, 40
03 32, 36, ×4, ×4, 60 04 7, 8, −6, −6, 14
05 4, 5, ÷3, ÷3, 27 06 8, 9, ÷6, ÷6, 10

100회(130p)

01 23, −1, +1, 39
02 48, 60, ×12, ÷12, 120
03 13, 14, −2005, +2005,25
04 55, 56, + 12, −12, 32
05 4, 5, ÷9, ×9, 10
06 44, 48, ×4, ÷4, 60

이제 4학년 2학기 원리와 계산력 부분을 모두 배웠습니다.
이것을 바탕으로 서술형/사고력 문제도 자신있게 풀어보세요!!!
수고하셨습니다.

※ 단순사칙연산(덧셈,뺄셈,곱셈,나눗셈)만 연습하기를 원하시면 www.obook.kr의 자료실(연산엑셀파일)을 이용하세요. 연산만을 너무 많이 하면, 수학이 싫어지는 지름길입니다. 연산은 하루에 조금씩 꾸준히!!!

※ 하루 10분 수학을 다하고 다음에 할 것을 정할 때, 수학익힘책을 예습하거나, 복습하는 것을 추천합니다. 수학공부는 교과서, 익힘책, 하루10분수학으로 충분합니다.^^

스스로 알아서 하는

하루 10분 수학

4학년 2학기 – 총정리 8회분 정답지

101회(총정리1회, 133p)

01 6.23
02 12.57
03 6.65
04 14.82
05 7.53
06 9.302
07 6.405
08 5.822
09 15.286
10 8.605
11 5.438
12 3.805
13 7.632
14 9.563
15 17.782

102회(총정리2회, 134p)

01 11.27
02 7.71
03 9.45
04 14.83
05 10.77
06 4.003
07 5.679
08 12.002
09 2.864
10 10.832
11 5.064
12 8.397
13 17.154
14 10.174
15 16.363

103회(총정리3회, 135p)

01 7.74
02 0.35
03 2.93
04 6.352
05 4.597
06 1.717
07 6.284
08 0.984
09 3.485
10 2.845
11 1.93
12 4.939
13 0.466
14 7.053
15 1.172

104회(총정리4회, 136p)

01 4.09
02 5.56
03 2.28
04 0.344
05 0.692
06 2.027
07 0.009
08 1.937
09 2.046
10 5.585
11 0.46
12 0.905
13 9.406
14 3.974
15 3.093

105회(총정리5회, 137p)

01 9880
02 61152
03 37966
04 2717
05 23264
06 25593
07 44712
08 35596
09 16864

106회(총정리6회, 137p)

01 7181
02 39910
03 62140
04 13719
05 13197
06 4416
07 12992
08 26931
09 25137

107회(총정리7회, 138p)

01 12, 17, 43×12+17=533
02 31, 18, 26×31+18=824
03 20, 21, 35×20+21=721
04 27, 6, 24×27+ 6=654
05 14, 18, 56×14+18=802
06 39, 16, 17×39+16=679
07 10, 23, 53×10+23=553
08 21, 7, 39×21+ 7=826
09 15, 2, 28×15+ 2=422

108회(총정리8회, 139p)

01 7, 30, 95× 7+30=695
02 3, 79, 95× 3+79=364
03 10, 3, 75×10+ 3=753
04 19, 11, 32×19+11=619
05 10, 36, 51×10+36=546
06 9, 18, 41× 9+18=387
07 35, 4, 22×35+ 4=774
08 12, 12, 13×12+12=168
09 18, 31, 47×18+31=877

단순사칙연산(덧셈, 뺄셈, 곱셈, 나눗셈)만 연습하기를 원하시면 WWW.OBOOK.KR의 자료실(연산엑셀파일)을 이용하세요.